中国学生成长速读书

总策划／邢涛　主编／龚勋

中国学生趣味实验365

汕頭大學出版社

前 言

科学并不神秘，只是需要人们去探索。历史上无数伟大的科学家都是通过深刻的思考和不懈的努力，才敲开了科学的大门。

《中国学生趣味实验365》是专门为青少年朋友编写的一本课外读物，共分为三章，收集了一百七十多个实验，涵盖了物理、化学、自然、动植物和人体等各个学科。这些实验生动有趣，便于操作。譬如一个深奥的物理原理，通过对一块磁铁、一些盐水和几个电池的操作，就能演示得很清楚。

这些实验不仅能满足同学们的好奇心，也可引导他们进行联想，训练他们大脑的发散性思维。通过这些实验，同学们不仅可以培养自己观察和思考的习惯，还可以锻炼自己的动手能力，在更加深刻地理解书本知识的同时，学到很多课堂上学不到的知识。

为了便于操作，我们将书中的实验从易到难，划分为五个等级。有的实验同学们可以自己独立完成，而有的实验必须在老师或者家长的监督和帮助下才能进行，以免在实验中出现危险。另外，实验中的每一个步骤，都配有详细、精美的手绘插图，与清晰明了的图注文字相互配合，使学生在阅读时能够一目了然。

只要同学们善于思考，勤于动手，每个人都能像历史上那些伟大的科学家一样，用自己的智慧改变世界。让我们打开这本书，从第一个实验开始，一步一个脚印地去探索神奇的科学世界吧。

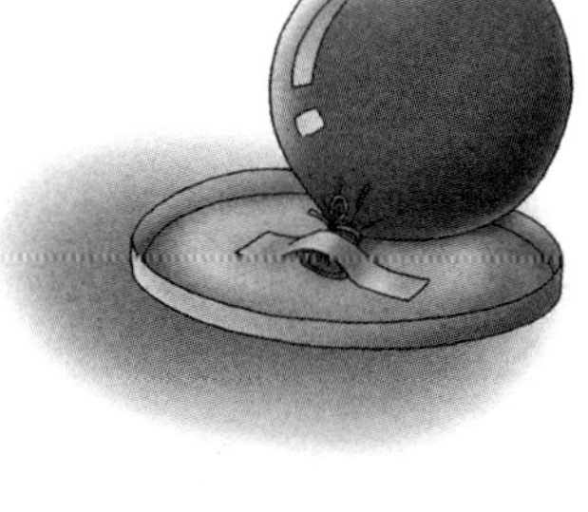

如何使用本书

《中国学生趣味实验365》是一部专门为青少年编写的课外读物。内容涉猎广泛，科学性、操作性强，与学生们的多门学科有着极为密切的联系，完全可以作为学生的辅导材料使用。全书共分三章，分别是：异彩纷呈的物理天地，变幻多姿的化学世界，奥妙无边的大自然。每个章节下设若干个实验，实验又分为标题、实验目的、难度级别、准备好、动手做、原理揭示、原理应用、知道更多和观察结果等若干部分，其中知道更多与原理应用穿插出现。以下是对本书体例的详细说明。

标题

实验主要内容的名称。

引言

解释标题，介绍实验的主要内容。

书眉

双数页码的书眉标示出书名，单数页码的书眉标示出篇章的名称。

实验目的

点明进行实验的目的。

准备好

列出实验中需要准备的材料、工具。

原理揭示

解释实验现象发生的科学原理，加深学生对知识的理解和记忆。

原理应用

阐述实验原理在生活中的具体应用，能引导学生进行联想，训练他们的发散性思维。

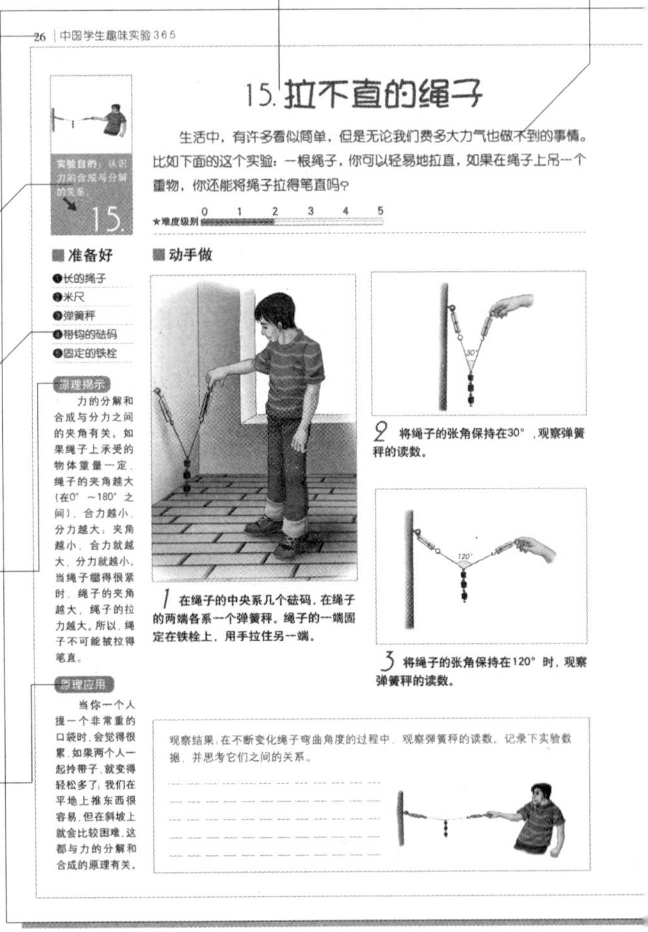
26 | 中国学生趣味实验365

15. 拉不直的绳子

生活中，有许多看似简单，但是无论我们费多大力气也做不到的事情。比如下面的这个实验：一根绳子，你可以轻易地拉直，如果在绳子上吊一个重物，你还能将绳子拉得笔直吗？

★难度级别 0 1 2 3 4 5

准备好

1. 长的绳子
2. 米尺
3. 弹簧秤
4. 带钩的砝码
5. 固定的铁栓

力的分解和合成与分力之间的夹角有关。如果绳子上承受的物体重量一定，绳子的夹角越大（在0°～180°之间），合力越小，分力越大；夹角越小，合力就越大，分力就越小。当绳子绷得很紧时，绳子的夹角越大，绳子的拉力越大。所以，绳子不可能被拉得笔直。

当你一个人提一个非常重的口袋时，会觉得很累，如果两个人一起拎带子，就变得轻松多了；我们在平地上推东西很容易，但在斜坡上就会比较困难，这都与力的分解和合成的原理有关。

动手做

1 在绳子的中央系几个砝码，在绳子的两端各系一个弹簧秤。绳子的一端固定在铁栓上，用手拉住另一端。

2 将绳子的张角保持在30°，观察弹簧秤的读数。

3 将绳子的张角保持在120°时，观察弹簧秤的读数。

观察结果：在不断变化绳子弯曲角度的过程中，观察弹簧秤的读数，记录下实验数据，并思考它们之间的关系。

篇章页

介绍本章实验的主要内容，使学生全面了解本章的要点。

难度级别

解释实验操作的难易程度，共分为5级。由1到5难度逐级增加。其中难度最大的5级实验，由于原材料来源复杂，操作难度较大，需家长陪同完成。

动手做

详细介绍实验的每一个步骤，同时会强调特别需要注意的地方。

实验步骤图

根据实验的每一个步骤，配置精心绘制的实验步骤示意图，使图文互相呼应，做到一目了然。

观察结果

记录实验结果和实验中出现的现象，培养学生记录实验过程和实验结果的良好习惯。

目 录
Contents

Part1 第一章
异彩纷呈的物理天地

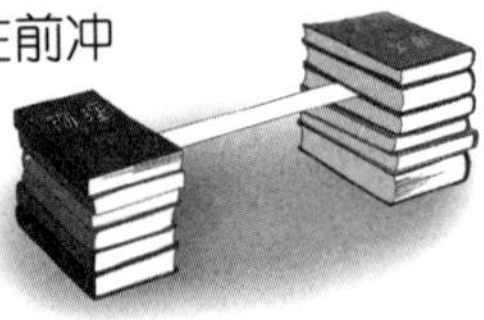

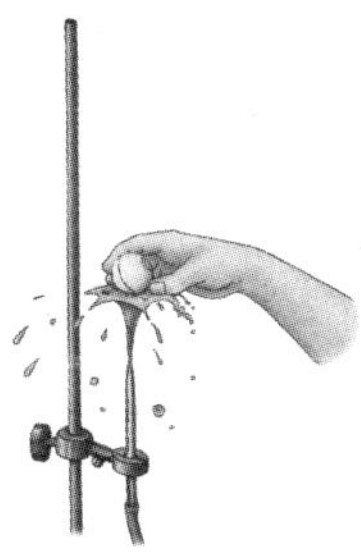

Part2 | 第二章

变幻多姿的化学世界

目录
Contents

Part3 | 第三章 奥妙无边的大自然

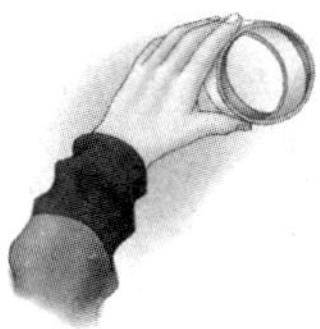

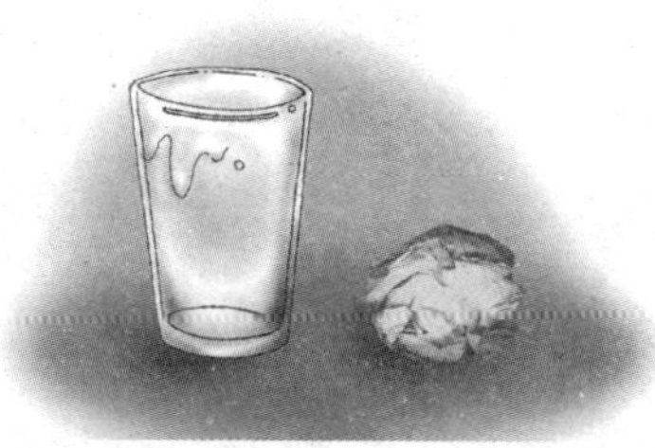

Part1 第一章 异彩纷呈的物理天地

在过去的三百年中，人类的生产和生活出现了重大的转折，一系列重大的发明对人类文明进程产生了深远的影响，而这一切都建立在近现代物理学快速发展的基础之上。蒸汽机的发明，使人类生产活动摆脱了对自身体能和畜力的依赖，开始利用化石燃料获得强大的动力；飞机的发明，使地理阻隔不再成为人类活动的制约因素；电子计算机的发明，使机器开始介入人类的智力活动中，引发了人类生活与生产的重大变革。

有人说，“物理学是实验科学，从来没有虚物的概念”，由此可见，物理学与实验研究有着密不可分的联系。精彩的实验让物理学由枯燥无味的理论和定律，变成了乐趣和收获。

通过对这些实验的操作和演示，你可以深刻地理解一些深奥的科学术语和定律，也可以很容易地记住复杂的物体运动规律，还可以亲自感受到物理世界的神奇。

当完成这些实验后，你可能会从一个看到物理就头痛的人变为做实验的高手，甚至由于受这些美妙实验的影响，还会爱上物理这门学科！

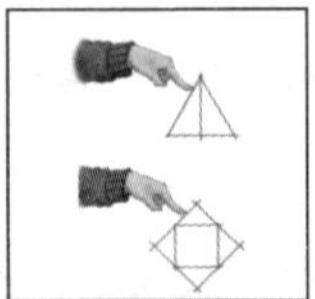

实验目的：测试不同形状物体结构的牢固性。

01.

01. 什么形状最牢固

在我们周围，有许多三角形的支架，比如衣架、自行车支架、起重机塔架等等。为什么三角形支架用途这么多，难道它有什么特殊的地方吗？下面就让我们做个实验来一探究竟吧！

★难度级别 0 1 2 3 4 5

准备好

❶吸管

❷大头针

原理揭示

在图形世界中，三角形的构造是最牢固的，它的形状和大小都不容易发生改变，具有很强的稳定性。如果把多个三角形并列和组合在一起，构成更加错综复杂的结构，它的稳定性就会大大加强，具有更强的支撑力。

原理应用

三角形是最简单、最牢固的几何图形，所以被广泛运用于制作支撑物体的支架，比如照相机的支架，建筑工地上的脚手架等等。而有的建筑物本身就是三角形结构，比如埃及金字塔，艾菲尔铁塔等等。此外，建筑师们在建造大桥时，还会把许多横梁组合在一起，形成一组三角形支架，这样可以使桥更加牢固。

动手做

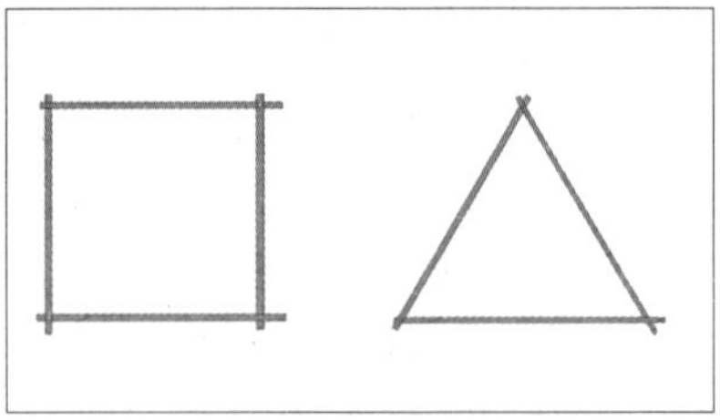

1 用大头针把四根吸管连成四边形，再把另外三根吸管连成三角形。

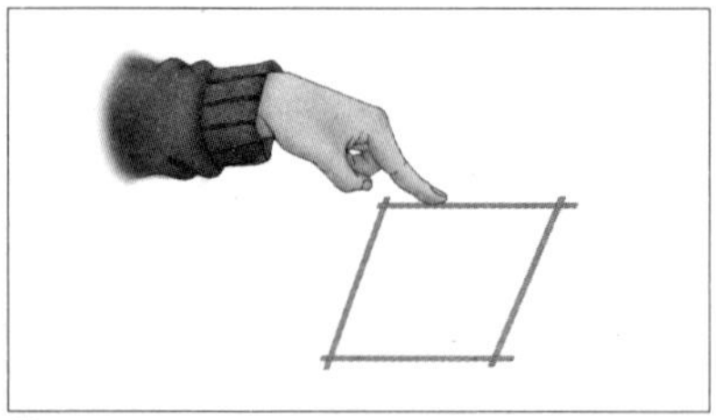

2 用力压三角形的三条边，观察结果；再用力压四边形的边，观察结果。

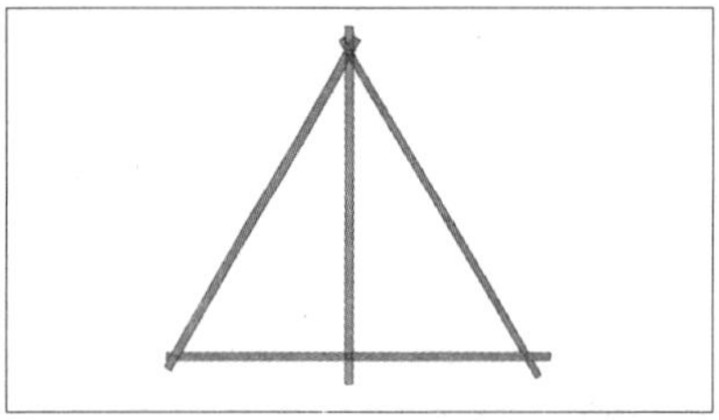

3 在三角形上加一根吸管，做一条垂直平分线，把三角形分成两个小三角形，用大头针固定。推三角形的边，观察结果。

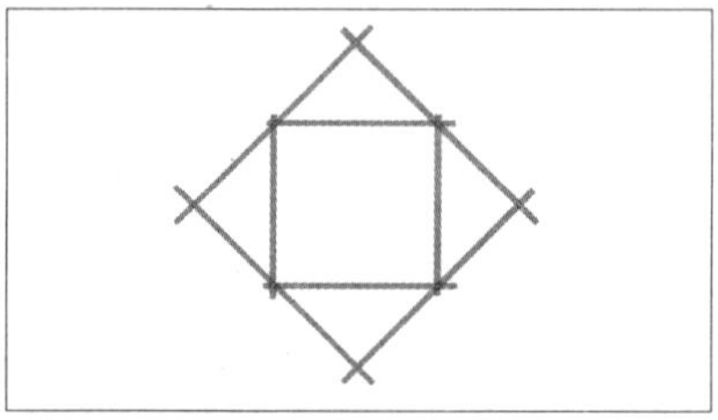

4 以四边形的四边中点为顶点，分别接一根吸管。将四根吸管连起来，就形成了两个里外嵌套的四边形，其中还包含了几个三角形。再来推它的边，观察结果。

观察结果：你认为哪种结构比较牢固，哪种容易变形，把结果记录在下面。

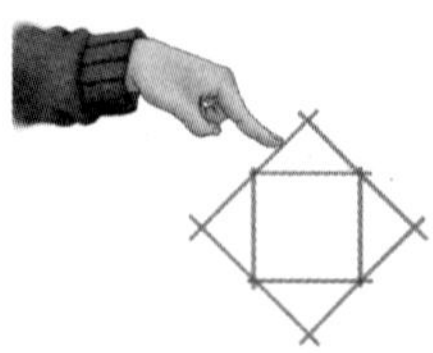

实验目的：测试不同形状物体容积的大小。

O2.

O2. 最能盛东西的圆柱形

我们的生活中到处都充满着科学。比如我们周围有许多的容器，像杯子、罐子、水桶等等，大部分都是圆柱形的，三角形和方形的却不多，这是为什么呢？下面就让我们来做一个实验，了解一下其中的原因吧。

★难度级别 0 1 2 3 4 5

准备好

❶大小一样的硬纸
❷胶水
❸玻璃杯
❹勺子
❺一盆沙子

原理揭示

几何学知识告诉我们，在外周长相等的情况下，圆的面积比其他任何形状的面积都要大。所以用大小相同的材料做成容器，圆柱形的容积是最大的。也就是说，要制成容积一样的容器，圆柱形的容器是最节省材料的。所以三种容器中，圆柱形的容器装的沙子最多。

原理应用

圆柱形容器应用在许多地方，比如笔芯、吸管、罐头罐、饮料瓶，以及油桶的制作等。在人们的生活中，圆柱形是最常见的一种容器形状。此外，圆柱形没有棱角，不容易被碰碎，很适宜大批量生产。

动手做

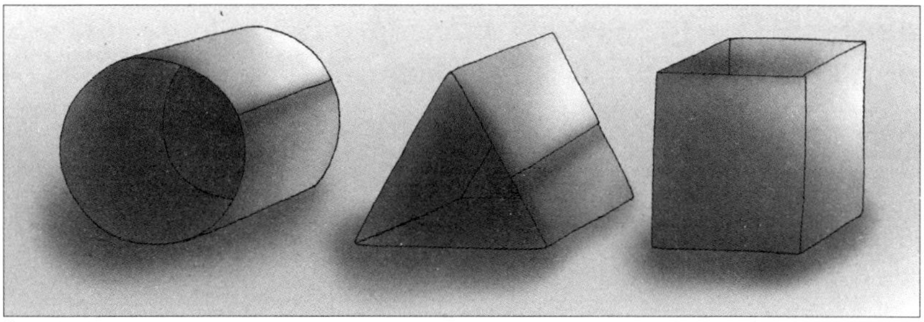

1 **将三张大小一样的硬纸分别用胶水粘成圆柱形、三角形和方形三种容器。**

2 **用勺子将圆柱形、三角形、方形三个容器中分别装满沙子。**

3 **把圆柱形、三角形、方形容器中的沙子分别倒进三个一样的玻璃杯中。**

观察结果：比较哪一种容器装的沙子最多，哪一种容器装的沙子最少。

实验目的：验证空气的体积。

03.

03. 不会湿的报纸

浸在水里的报纸竟然不会变湿，真是太奇妙了！不要以为报纸会变“魔术”，其实这都是空气捣的鬼哦！下面我们就开始这个实验，看一看空气是怎样保护报纸而不让它变湿的吧！

★难度级别 0 1 2 3 4 5

■ 准备好

❶一盆水

❷废报纸

❸玻璃杯

原理揭示

空气是有体积的，因此杯子中的空气充斥在报纸的缝隙中，占据了一定的空间。当玻璃杯杯口向下进入水中时，杯中的空气排不出去，在报纸和水之间建起了一个“保护层”，水就没有办法浸湿报纸了。

原理应用

因为空气有一定的体积，而且容易被压缩，所以人们将空气充在汽车轮胎、自行车车胎中用来支撑汽车和自行车。空气还可以充在足球、篮球以及排球中，增加球体的弹性。另外，为了使膨化食品不被挤压、粉碎，食品的包装袋中也充满着空气。

■ 动手做

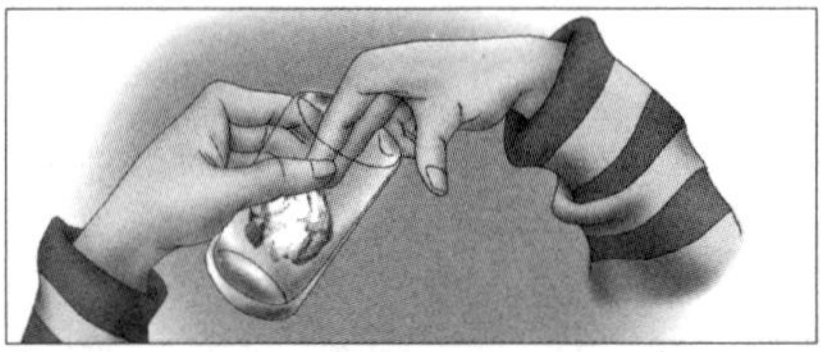

1 **把废报纸揉成一团，塞进杯子中。**

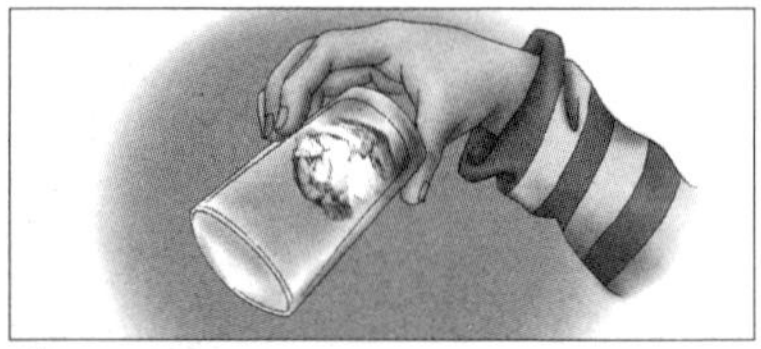

2 **把玻璃杯的杯口朝下，使纸团不要掉出来。**

3 **玻璃杯杯口朝下，扣进装满水的盆中，并压到盆底。然后再拿出玻璃杯，取出报纸团。**

观察结果：从玻璃杯中拿出报纸团，看看报纸有没有被水浸湿。记录下实验过程和结果。

实验目的： 测试水的表面张力。

04.

04. 绕圈的蛇

在纸蛇的尾部夹一块肥皂，它就能在水面上不停地绕圈，真是有趣。这就是水的表面张力的表现。下面就让我们亲自动手做这个实验，认识一下水的表面张力吧。

★难度级别 0 1 2 3 4 5

准备好

❶硬的图画纸
❷彩笔
❸肥皂
❹剪刀
❺一盆水

原理揭示

水具有表面张力，当我们把纸蛇放入水盆中时，蛇会浮在水面上而不被浸湿。当纸蛇尾夹着的肥皂在水中溶化后，肥皂将水的表面张力破坏，使蛇尾所在的水面内部张力变小，外部张力变大，纸蛇就在外部张力的牵引下，不停地旋转起来。

原理应用

洗涤剂和肥皂能破坏水的表面张力，从而透入衣物纤维的污垢颗粒之间，使污垢脱落。人们在钓鱼的时候，浮标很难调准，如果在浮标上擦一些洗涤剂，就可以去除水的张力影响，使浮标变得准确、灵敏了。

动手做

1 **用彩笔在图画纸上画一条盘起来的蛇，并用剪刀剪下来。**

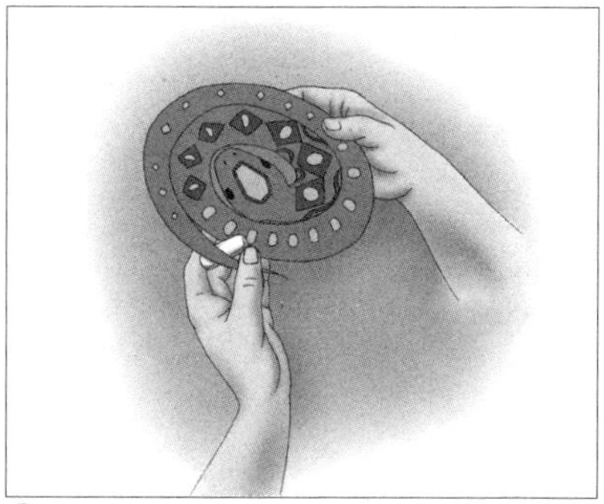

2 **将肥皂切一小块下来，在纸蛇的尾部剪个开口，并夹住肥皂。**

3 **把纸蛇放入装满水的脸盆中。**

观察结果：把纸蛇放进水中后，出现了什么现象？想一想这是为什么。

实验目的：了解水面的表面张力。

05.

05. 吹泡泡

肥皂水可以吹出五颜六色的泡泡，但是清水却做不到，你知道这是为什么吗？今天，我们就来配置一种可以吹泡泡的溶液。做完这个实验后，大家就会明白其中的道理了，还能了解一些关于肥皂分子和水分子的知识。

★难度级别 0 1 2 3 4 5

准备好

❶水
❷勺子
❸洗涤剂
❹碗
❺甘油或者玉米糖浆
❻塑料盘
❼吸管

原理揭示

水分子之间有相互作用的力，叫表面张力。由于表面张力的存在，水面不能形成一层薄膜。但是，肥皂减小了水的表面张力。我们向肥皂水吹气时，呼出的气体被肥皂水薄膜围住，而水膜上的分子相互吸引，就形成了球形的泡泡。

原理应用

油脂污渍只用水很难清洗掉。肥皂是由动物脂肪和化学物质混合而成的，它既和水分子相吸，又和油脂分子相吸，所以可以去除衣物上的油渍。

动手做

1 在碗里加10勺水和1勺洗涤剂。

2 在碗里加1勺甘油或者玉米糖浆，然后搅拌均匀。

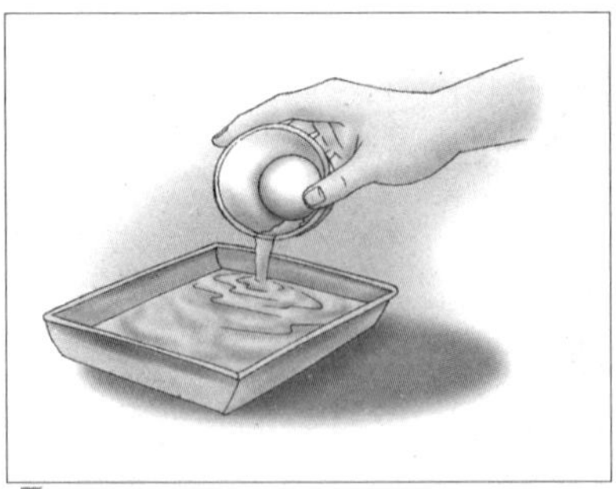

3 将配好的溶液倒在塑料盘子里，用吸管向盘中吹气，直到产生泡泡。

观察结果：你最多能吹多少个泡泡？

实验目的：认识摩擦力的作用。

06.

06. 能提重物的纸

摩擦力在生活中有重要的作用，没有了摩擦力，我们的生活就可能变得一团糟。下面让我们做一个实验，完成一个看似不可能完成的任务，体会一下摩擦力的巨大“魔力”。

★难度级别 0 1 2 3 4 5

准备好

❶明信片
❷水壶
❸水
❹绳子

原理揭示

在这个实验中，纸之所以能提起水壶，是拉力和摩擦力相互配合的结果。因为纸与纸之间有很大的摩擦力，能将绳子夹住不动，再加上明信片的厚度，使它具有十分强韧的拉力，因此能将装满水的水壶提起。

原理应用

因为有了摩擦力的存在，我们拿着东西的时候，东西才不会掉到地上。在我们走路时，也是由于鞋底对地面施加向后的力量，产生了摩擦，才能使我们向前行走。此外，汽车能够在疾速的行驶中及时刹车，也是摩擦力的功劳。

动手做

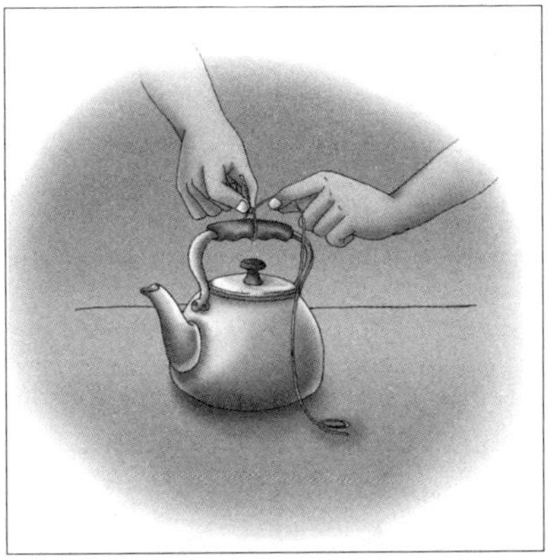

1 将水壶装满水，将绳子穿过水壶的把手处，打个死结。

3 将壶上的绳子平放在明信片所形成的折线内，然后试着提起水壶。

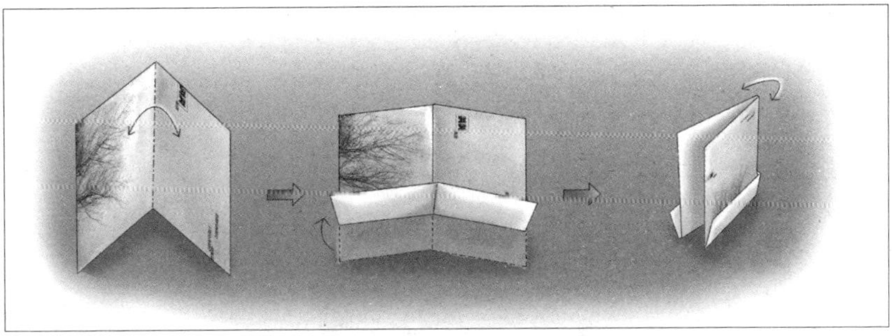

2 把明信片对折后打开，再将底部四分之一的部分向外折起，再对折。

观察结果：你能用纸提起水壶吗，把你的实验结果写在下面。

07.会翻跟头的“毛毛虫”

这个会翻跟头的“毛毛虫”不是真的虫子，而是手工制作的玩具。但是，怎样才能让一个玩具毛毛虫不仅会动，而且还能翻跟头呢？如果你感兴趣，就和我们一起来看看下面这个实验吧。

★难度级别 0 1 2 3 4 5

实验目的：了解重力、冲力与摩擦力间的关系。

07.

准备好

❶胶囊
❷小钢珠和玻璃珠
❸木板
❹书
❺胶带
❻布条
❼秒表

动手做

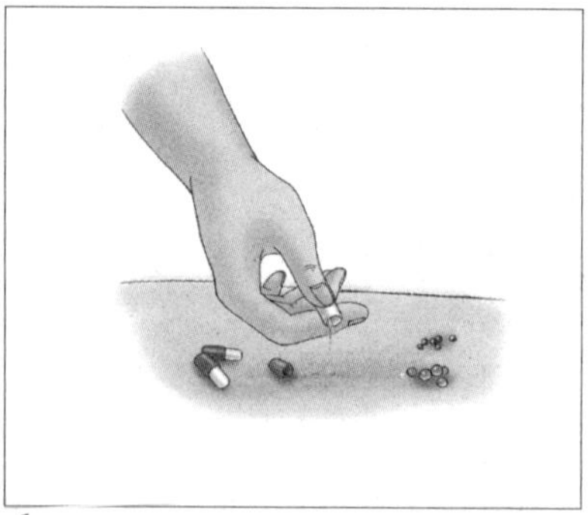

1 倒出胶囊中的药粉，把小钢珠和玻璃珠分别装进胶囊。用布条把胶囊包紧，用胶带封好。这就是“毛毛虫”了。

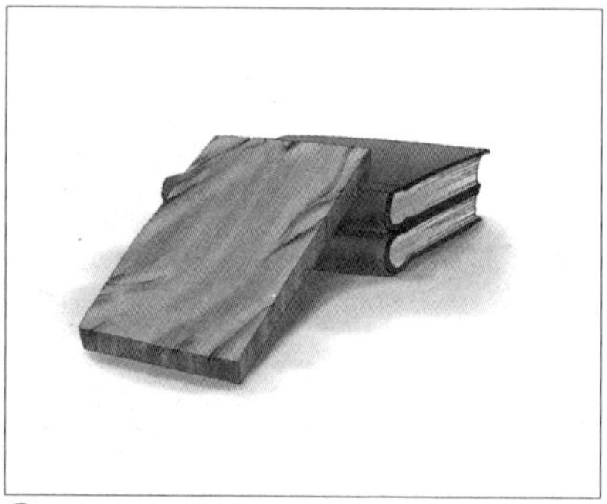

2 在桌子上摞起一摞书，把木板斜靠在书上，做成一个斜面。

3 把装着两种珠子的胶囊分别放在斜面上，观察它们的运动情况，计时。（注意计时开始时，让珠子在胶囊的顶端）。

观察结果：装有两种不同物体的胶囊放在斜面上时，出现了什么现象？把观察结果记录在下面。

原理揭示

胶囊放在斜面上时，在重力作用下，珠子沿胶囊壁向下滚动。由于斜面粗糙，摩擦力较大，下滑较慢。珠子的运动速度快于胶囊，到达胶囊底部时产生的冲力使胶囊转动180°，这时珠子又在顶部，胶囊就不断地“翻跟头”了。因为玻璃珠和小钢珠的质量不同，所以二者下滑的速度不同。

原理应用

利用摩擦力、冲力与重力间相互关系的原理，可以改变汽车轮胎的花纹形状，增加车轮与地面的摩擦力，提高汽车的安全性能。

实验目的：了解物体的惯性。

08.

08. 急刹车时人为什么会往前冲

汽车紧急刹车时，我们的身体会突然往行驶的方向冲一下，这是惯性在发生作用。运动或静止的物体都有保持原有状态不变的性质，这就是惯性。下面，我们就用实验来模拟一下这个场景，了解惯性的作用。

★难度级别 0 1 2 3 4 5

准备好

❶橡皮泥
❷一端有孔的木板
❸厚书
❹铅笔
❺玩具车

原理揭示

当向下行驶的玩具车撞到铅笔时，车会突然停止，但小人儿仍然有继续向前运动的趋势（即惯性），所以就会向前冲；相反，如果静止的汽车突然起动，人的身体就会往后仰一下。

知道更多

惯性对我们的生活有好处也有坏处。当汽车急刹车时，人在惯性作用下会向前冲，很容易受伤，所以我们乘车时应该系上安全带，来抑制惯性。拍打衣服时，衣服受力收缩，但灰尘因为惯性还停留在原地，这样灰尘就被拍到了衣服的外面。

动手做

1 将几本厚书叠起来，将木板无孔的一端放在书上，做成一个斜坡。然后将铅笔插入斜面下端的小孔。

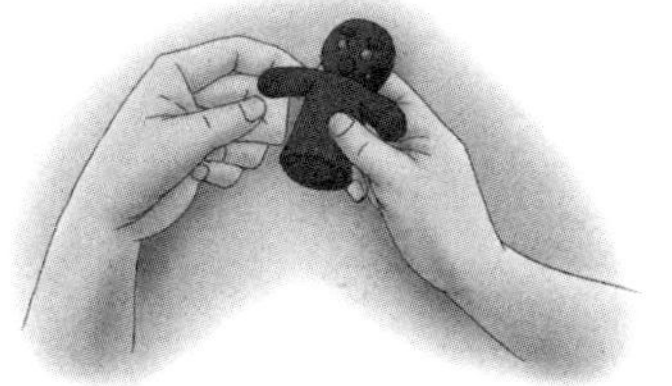

2 把橡皮泥捏成一个小人儿的样子。注意把橡皮泥底部弄平。

3 把小人儿放在玩具车上，把玩具车放在木板上端正中间的位置，让玩具车冲下斜坡。重复做几次。

观察结果：玩具车撞到铅笔后，小人儿怎么样了？每次的结果都一样吗？记录下实验结果。

实验目的：了解物体重力、重心与惯性的关系。

09.

09. 叠罗汉的纸杯

如果没有任何其他辅助工具，将纸杯头尾对接，就像叠罗汉那样直立起来，你最多能立起多少纸杯呢？这些纸杯怎样才能不被风吹倒呢？下面我们就来试试看，到底能让多少只杯子叠起罗汉来。

★难度级别 0 1 2 3 4 5

■ 准备好

❶一次性纸杯

❷胶水

❸双面胶

❹螺丝

❺书

原理揭示

物体的重力越大，重心越稳定，惯性就越大，越不容易改变运动状态。在实验中，叠起的纸杯底座重力越大，重心越稳定，就越不容易受到外力的作用。纸杯粘在桌子上后，与桌子成为一体，重力变大、重心更加稳定，更加不容易改变原来的状态。

原理应用

一些落地式台灯、风扇都会在底座上加装金属，以增加底盘的重量，稳固重心。此外，汽车通常底盘都设计得非常低，依据的也是这个原理。底盘越低，汽车的重心越接近地面，在发生意外时，也就不易翻车。

■ 动手做

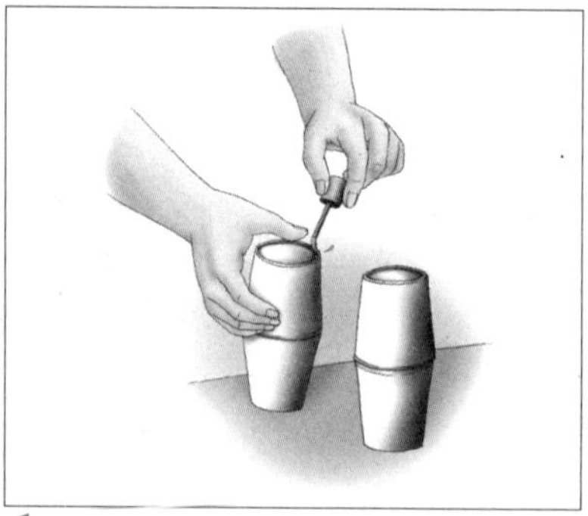

1 把胶水抹在4个纸杯的边缘部分，按图所示两个粘在一起。再用胶水抹在其中一个纸杯的底部，将4个纸杯粘在一起。

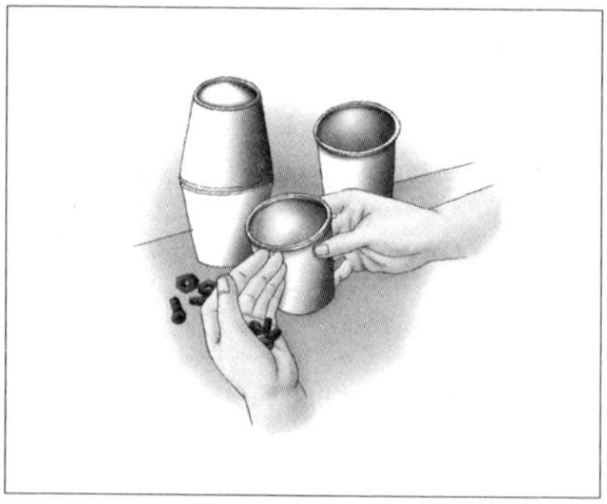

3 在最底部的杯子中放20个螺丝，重新粘好纸杯，用双面胶把纸杯粘在桌子上，再用书上下扇动。

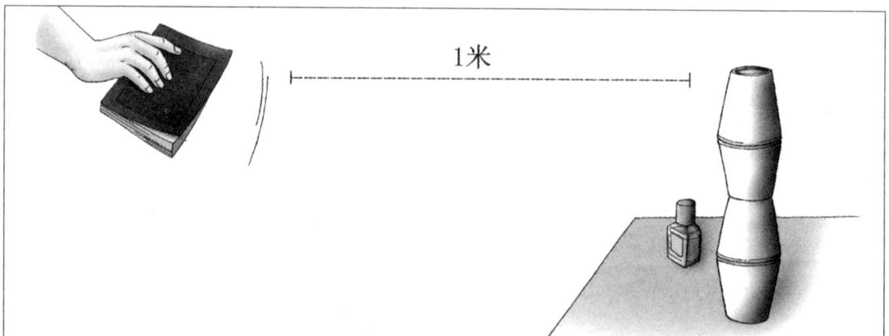

2 10分钟后，胶水干了，站在1米远的地方用书向纸杯的方向上下扇动。

观察结果：杯子里没有螺丝时，纸杯容易被风吹倒吗？放入螺丝后呢？记录实验结果。

实验目的：认识物体的重心。

10.

10. 纸杯不倒翁

不倒翁是我们经常玩的小玩具。不论你怎么用力戳，它就是不会倒下，但是不触摸它的时候，它也总是一副摇摇晃晃站不稳的样子。为什么会这样呢？如果你想知道其中的道理，就来做做下面的实验吧。

★难度级别 0 1 2 3 4 5

■ 准备好

❶双面胶的卷轴
❷胶带
❸胶水
❹玻璃弹珠
❺一次性纸杯
❻彩笔

原理揭示

不倒翁由于底部玻璃弹珠的存在而上轻下重，重心很低。当它向一边倾斜时，重心位置发生改变，重力会促使它向另外一边摆动。实验中，当不倒翁向左倒时，重心和重力作用线在接触点的右边，在重力作用下，不倒翁又倒向右边。

原理应用

许多大型机器设备的机座体积和质量都比较大，可以降低机器的重心，增加机器的稳定性，不易出现事故。此外，我们收拾衣物时，习惯将略重的放在下面，也是为了将重心压低，使上面的不会倒下来。

■动手做

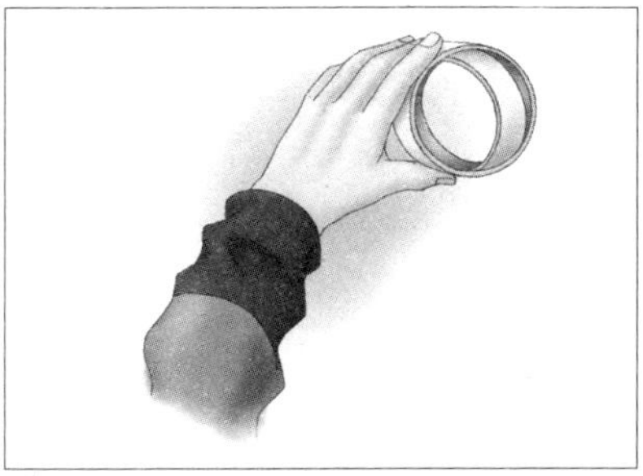

1 **将两个双面胶卷轴交叉成一个球状，在交接处用胶水粘好。**

2 **用彩笔在一次性纸杯上画出自己喜欢的图形。**

3 **将纸杯罩在球状胶带卷轴上，然后用胶带固定。把玻璃弹珠粘在卷轴底部的交叉处。**

观察结果：用手触动纸杯，观察现象。

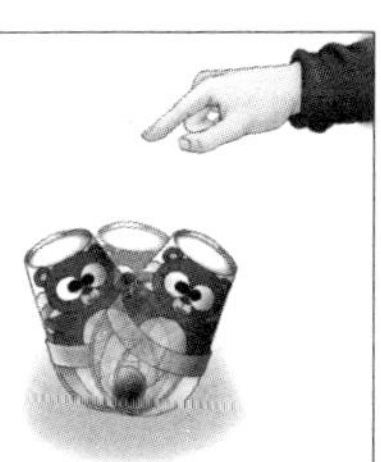

实验目的：认识重力加速度。

11.

11. 制作云霄飞车

见过云霄飞车的人都知道，当它从高处向低处运动时，速度会越来越快。云霄飞车有很多复杂的轨道和配置，这样的东西我们也可以自己制作吗？当然可以。完成下面的实验，你就可以在自己家里开云霄飞车。

★难度级别 0 1 2 3 4 5

准备好

❶10张厚纸板
❷小刀
❸蜡烛
❹小钢珠
❺吸管
❻胶带

原理揭示

在地球表面上的物体，受地球引力作用产生的加速度，称为重力加速度。也就是说物体在下降的过程中，每过一秒，速度就会增加约十倍。钢珠由高处往下滑行时，受到地心引力的影响，产生重力加速度，速度就越来越快。

原理应用

人们掌握了重力加速度理论后，把它应用在了许多领域。比如航天飞船在返回地球的时候，会打开降落伞，减小重力加速度，进行安全着陆。利用这个理论研制的重力加速度传感器，具备感应坠落、倾斜、移动、定位、撞击和震动的功能。

动手做

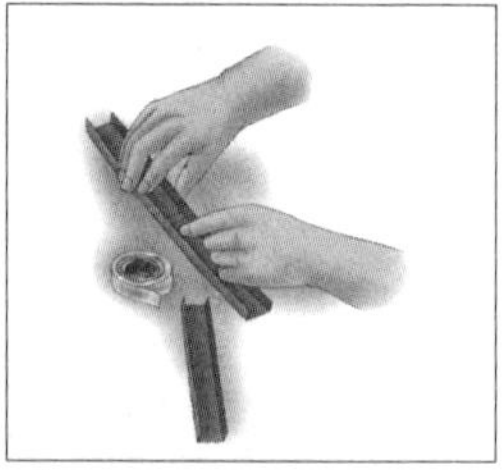

1 把每张厚纸板均匀裁成4份，每一份都沿着长边两侧折起大约1厘米的边，形成浅槽，将所有的浅槽都用胶带连接起来。

2 吸管的一端剪出大约3厘米深的十字形缺口，用火烤软后，用手捏小管口，以套接方式和其他吸管连接起来，吸管的长度和纸槽相同，一共做两条。

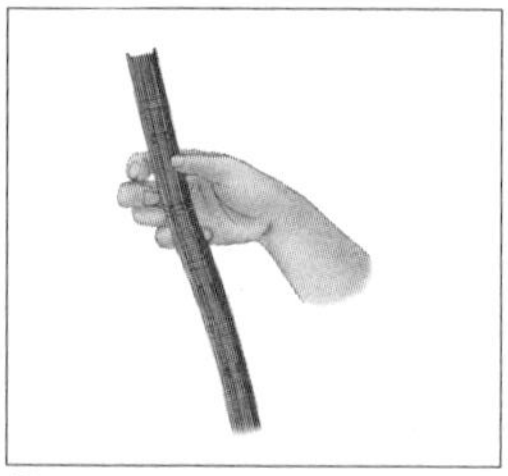

3 在硬纸板的浅槽内，将两条吸管用胶带固定，作为轨道。两条吸管间的距离要比钢珠的直径小。

4 把硬纸板随意弯曲几次，做成云霄飞车轨道的形状。注意要由高处弯向低处。

观察结果：把钢珠从高处的轨道口放下，观察它的运行速度。

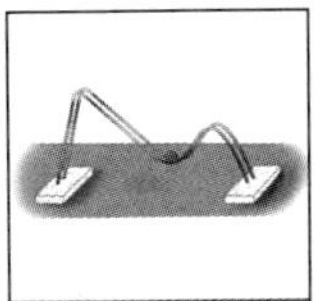

实验目的：了解物体曲线运动时的向心力。

12.

12. 凹面和凸面上的运动

凹和凸这两种形状我们都不会陌生，但是你知道在物理研究中它们真正的特殊之处吗？在这两种表面上运动，不如平面运动平稳，这是为什么呢？下面我们就做个实验，看看物体在凹面和凸面上究竟是怎样运动的。

★难度级别 0 1 2 3 4 5

准备好

❶10号铁丝
❷小钢球
❸泡沫塑料板
❹搭钩

原理揭示

在曲线表面运动时，物体的重力和支持力不再平衡，它们的合力为物体提供指向圆心的向心力。当圆心在曲面下方，即凸面时，支持力小于重力，产生失重现象，快速运行的小球不会掉下去，而是会沿着斜面飞掠而过。当圆心在曲面上方，即凹面时，支持力大于重力，产生超重现象，所以小球会掉下去。

原理应用

我们借着冲力在曲线斜坡滑雪时，能够在到达斜坡顶端后瞬间离开地面飞跃起来，专业的运动员还能在空中做很多漂亮的动作，这就是曲线运动时向心力作用的结果。

动手做

1 **把两根铁丝按照图示的形状弯好，分别固定在两块泡沫塑料板上。装上搭钩。搭钩打开时，铁丝之间的宽度使小球刚好能静止停在最凹处上面。搭钩勾上时，凸面顶端铁丝之间的宽度使小球刚好从中间掉下去。**

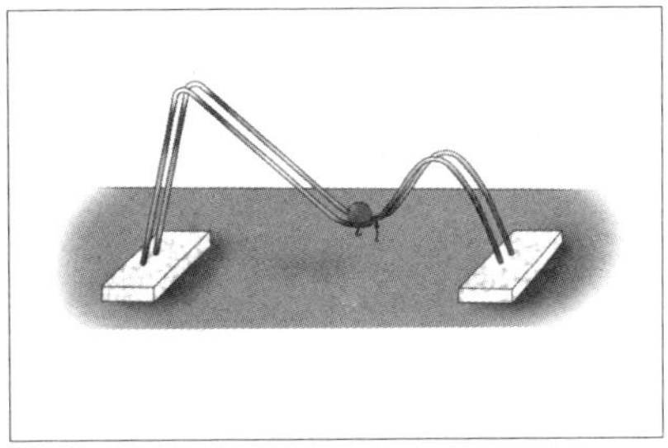

2 **打开搭钩，把小球放在凹面最低处时，观察球是否掉下去；让小球在高处沿轨道滚下，观察它到凹面底端时，是否会掉下。**

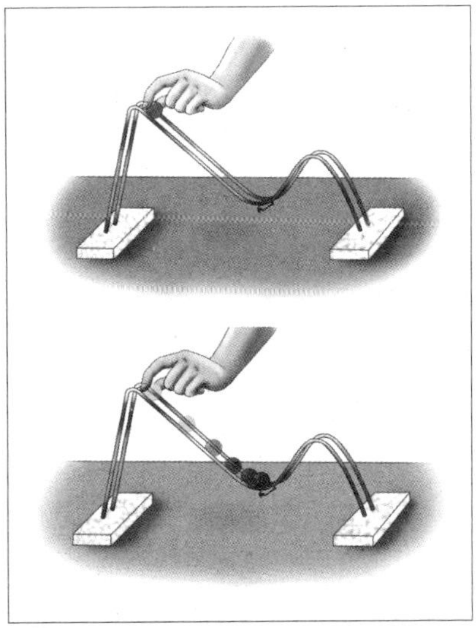

3 **勾上搭钩，把小球放在凸面顶端时，观察球是否掉下去。让小球从高处沿轨道滚下，到达最低点再向上运动到另一个凸面顶端时，观察它是否会掉下。**

观察结果：观察小球在不同状态时的情况，并记录观察结果。

步骤2时，小球沿轨道滚下，到凹面底端时掉下去了；步骤3时，小球沿轨道滚下，到凸面顶端时，轻轻掠过。

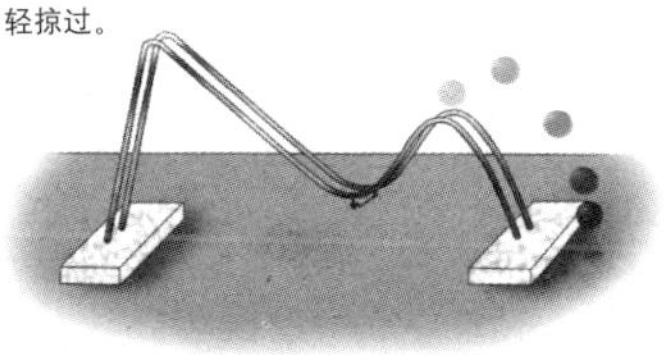

实验目的：认识曲线离心力。

13.

13. 洗衣机怎样甩干

洗衣机洗完衣服后，能够将衣物甩干，为我们省去了很多麻烦。可是，为什么衣物在甩干筒里转了转，水分就能“跑掉”呢？下面的这个小实验就为我们演示了洗衣机甩干衣服的过程，让我们来了解一下吧。

★难度级别 0 1 2 3 4 5

准备好

❶厚纸板
❷圆规
❸眼药水小瓶
❹水
❺牙签
❻剪刀

原理揭示

任何物体围绕圆心做圆周运动时，都会向远离圆心的方向运动，这就是离心现象。实验中，圆纸片在旋转的时候，带动纸片上的水滴一起做圆周运动。水滴在离心力的作用下离开圆心，无法停留在纸片上。

原理应用

洗衣机的部件脱水机，又叫离心机，就是根据离心力原理制造的。离心机在高速旋转时，会带动机箱内的衣服和水分一起做圆周运动。水分从脱水外壳的小孔中甩了出去，衣服被留在了脱水机内。这样，衣服就甩干了。

动手做

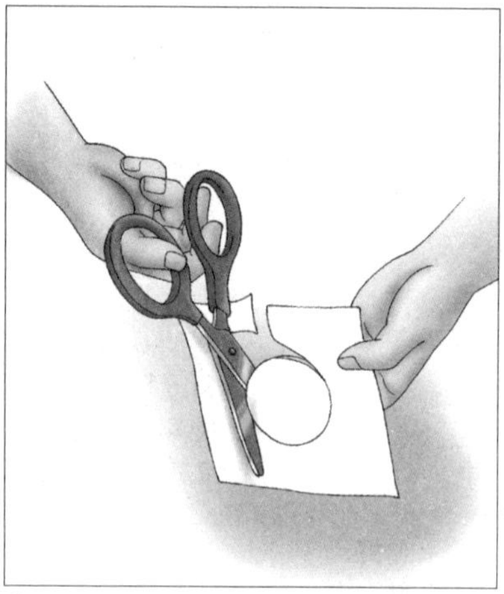

1 用圆规在厚纸板上画一个直径为5厘米的圆，剪下来。

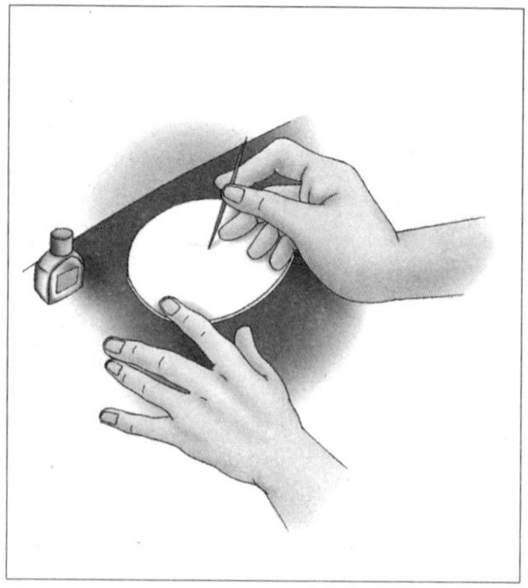

2 把牙签穿过圆纸片的圆心。把眼药水小瓶注满水。

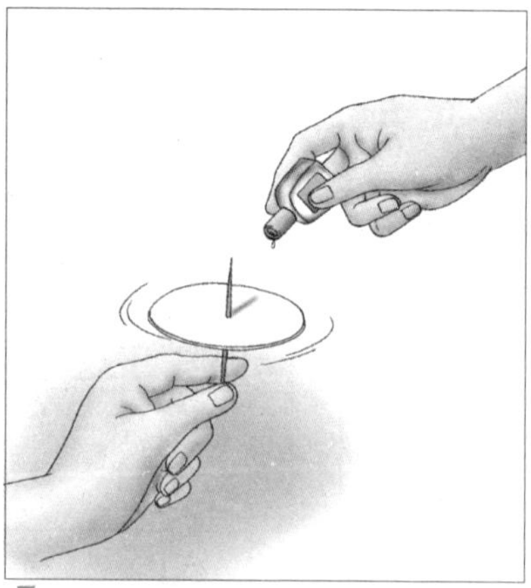

3 用左手食指与拇指来回捻动牙签，带动圆纸片转动。右手拿着眼药水瓶，向转动的圆纸片上滴水。

观察结果：转动圆纸片，观察水滴的变化，记录下结果。

实验目的：验证牛顿力学三大定律。

14.

14. 自制喷气船

坐着喷气船在海里穿梭游览，十分畅快。可是你知道为什么喷气船可以在海上行驶吗？利用气球与泡沫塑料，你也可以制作一个模型喷气船，不但很好玩，还能从其中学习到有用的物理知识呢。

★难度级别 0 1 2 3 4 5

准备好

❶吸管
❷有孔的橡皮塞
❸泡沫塑料
❹气球
❺放满水的浴缸

原理揭示

在实验中，气球中受到压力的气体从船后释放出来，对气球施加了一个反作用力，促使“船”向前运动。当气球中的气体释放完以后，“船”还会继续向前移动，这是物体的惯性作用。后来，水和空气的阻力使船停住了，因为物体受到阻力后会停止运动。

原理应用

牛顿三大定律在生活中应用很广泛。宇宙飞船起飞时，发动机产生一股巨大的力量，它的反作用力推动飞船进入太空。在太空中，惯性能够使飞船永远以同一速度持续运动，除非发动机减速或加速，它才会改变运动的状态。

动手做

1 **将吸管插入橡皮塞的孔中，吸管的一头插入泡沫塑料中。用泡沫塑料作为船身。**

2 **将气球充气，用手捏住气球口。然后小心地将充好气的气球套在橡皮塞上，并捏住吸管以防漏气。**

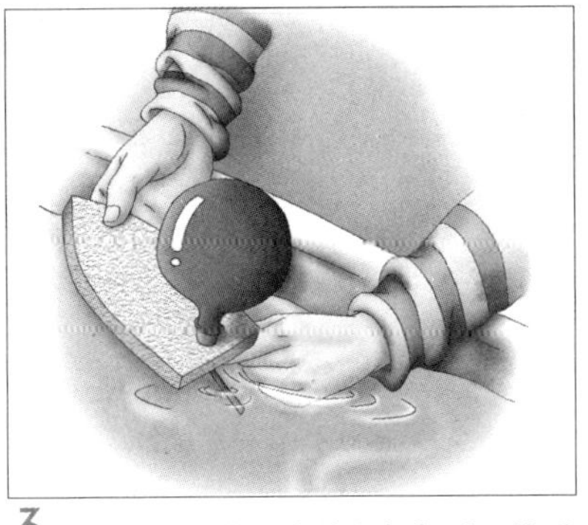

3 **将吸管弯曲，使其方向向后。然后把船放进水中，放开捏着的吸管，观察现象。**

观察结果：放开吸管后，泡沫塑料会进行怎样的运动？想一想，怎样加快“船”的运动？

实验目的：认识力的合成与分解的关系。

15.

15. 拉不直的绳子

生活中，有许多看似简单，但是无论我们费多大力气也做不到的事情。比如下面的这个实验：一根绳子，你可以轻易地拉直，如果在绳子上吊一个重物，你还能将绳子拉得笔直吗？

★难度级别 0 1 2 3 4 5

准备好

❶长的绳子
❷米尺
❸弹簧秤
❹带钩的砝码
❺固定的铁栓

原理揭示

力的分解和合成与分力之间的夹角有关。如果绳子上承受的物体重量一定，绳子的夹角越大（在0°～180°之间），合力越小，分力越大；夹角越小，合力就越大，分力就越小。当绳子绷得很紧时，绳子的夹角越大，绳子的拉力越大。所以，绳子不可能被拉得笔直。

原理应用

当你一个人提一个非常重的口袋时，会觉得很累，如果两个人一起拎带子，就变得轻松多了；我们在平地上推东西很容易，但在斜坡上就会比较困难，这都与力的分解和合成的原理有关。

动手做

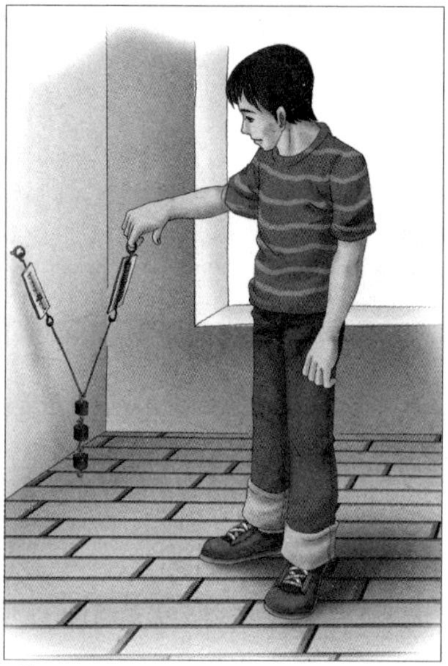

1 在绳子的中央系几个砝码，在绳子的两端各系一个弹簧秤。绳子的一端固定在铁栓上，用手拉住另一端。

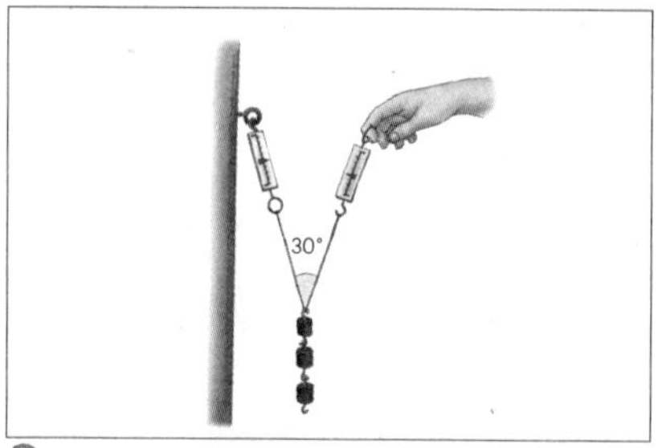

2 将绳子的张角保持在30°，观察弹簧秤的读数。

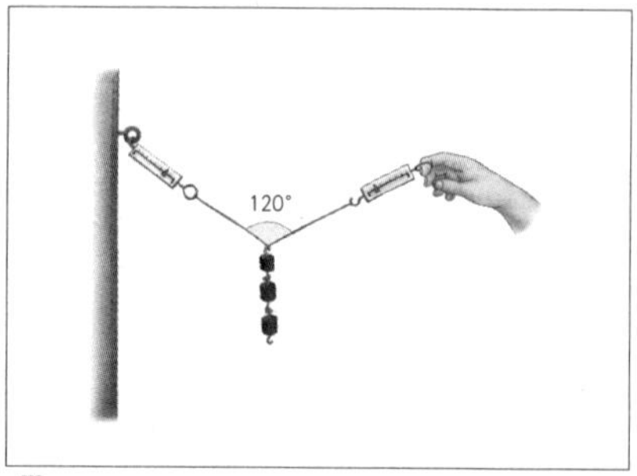

3 将绳子的张角保持在120°时，观察弹簧秤的读数。

观察结果：在不断变化绳子弯曲角度的过程中，观察弹簧秤的读数。记录下实验数据，并思考它们之间的关系。

16. 搭建拱形桥

实验目的：认识拱形对力的分散作用。

16.

桥梁是现代建设中不可缺失的建筑物，在任何一个城市都可以看到。其中，拱形桥是所有桥梁中最受欢迎的一种，大多数的桥梁建造都采用这种结构。下面就让我们搭建一座自己的拱形桥，看看拱形结构是怎么分散力的。

★难度级别 0 1 2 3 4 5

准备好

❶直尺
❷铅笔
❸纸板
❹剪刀
❺书
❻胶卷盒
❼硬币

原理揭示

放在两摞书之间的纸板只有两端受力，所以很容易弯曲。加上拱形支撑后，纸板局部承载的力被分散到了整个纸板上，并且还会传递到拱形的两端，因此拱形纸桥能够比直板纸桥承载的重量大得多。

原理应用

拱形结构除了应用于桥梁建筑外，也用于其他商业建筑。穹顶建筑就是依据拱形结构跨度大、受力强的特点建筑而成的。而且，拱形结构受力均匀、分散，用来搭建农棚，不但能够抵挡风雪侵袭，还有利于采光。

动手做

1 用直尺在纸板上画出两条50厘米长，5厘米宽的长条形状，用剪刀剪下来。

2 在桌子上堆起两摞书，间隔40厘米。把一条长纸板放在两堆书中间，架一座笔直的桥梁，两边用书压服、固定。

3 把胶卷盒放在桥中间，胶卷盒中逐渐放硬币，直到纸桥倒塌。

4 取另一条长纸板做成拱形，支撑在原来的桥下面。再把胶卷盒放在桥中间，胶卷盒中逐渐放硬币，直到纸桥倒塌。

观察结果：没有拱形支撑时，纸桥能承载几个硬币；加上拱形支撑后，纸桥能承载几个硬币？把观察结果记录下来。

实验目的：认识反作用力。

17.

17. 旋转盘

如果你不小心撞到一个大人的身上，不但不会把大人撞倒，自己还会摔倒，这就是反作用力的表现。下面我们就来做个实验，认识一下奇妙的反作用力。

★难度级别 0 1 2 3 4 5

准备好

❶一次性餐盘
❷卫生纸的卷轴
❸竹签
❹剪刀
❺吸管
❻拉环
❼棉线
❽夹子

原理揭示

力是相互的，我们对物体施加作用力，必定会受到一个反作用力。实验中，当我们将棉线用力一扯，旋转盘受到外力作用后就旋转了起来，缠绕的棉线旋转到尽头，又因为受到了反作用力，便推动旋转盘向相反的方向转动。

原理应用

我们在划船的时候，都是用船桨向身体的后方拨水，然后在水的反作用力下，推动船向前行进。当我们跑步的时候，脚踝向后用力，地面的反作用力推动我们向前奔跑。

动手做

1 在两个一次性餐盘的中心点上，各钻一个洞。在卫生纸卷轴的三分之一处横穿两个孔。再将吸管剪成两截。

2 将竹签通过孔横穿在卫生纸卷轴上，并在两端分别套上一截吸管，再在吸管上装上一次性餐盘。最后用夹子夹住竹签的两端，使一次性餐盘不能脱落。

观察结果：一只手抓住卫生纸卷轴，另一只手拉动拉环，看看会出现什么现象？并将它记录下来。

当手一拉一松的时候，一次性餐盘就会不停地旋转。

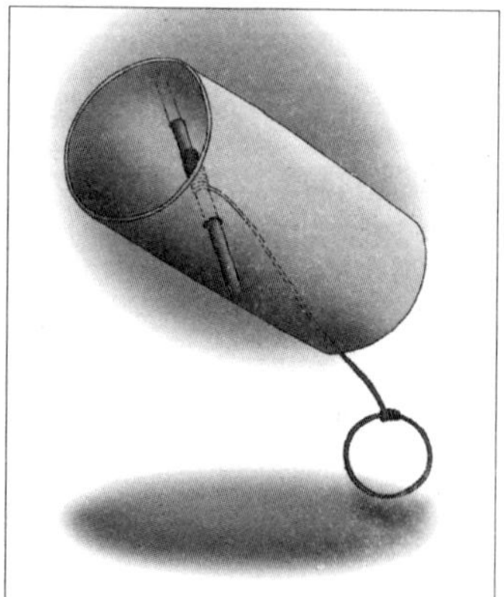

3 棉线的一端系上拉环，另一端缠绕在卫生纸卷轴里的竹签上。

18. 结冰比赛

实验目的：研究溶液密度与凝固点的关系。

18.

同学们，你们知道一杯普通的白水和一杯加了盐或者糖的水同时放在冰柜中，哪个会更快结冰吗？不要急着回答，现在就让我们一起做个实验，亲自验证一下结果吧。

★难度级别 0 1 2 3 4 5

准备好

❶水杯
❷蔗糖
❸食盐
❹勺子
❺标记笔和纸
❻水

原理揭示

溶液的浓度越高，其凝固点就越低。虽然水中加入的蔗糖和食盐的量是相同的，但一勺盐中的分子数目要远远大于糖的分子数目，因此盐溶液的浓度更大。而糖溶液和盐溶液的密度都大于水。所以，水最早结冰，糖溶液其次，盐溶液很难结冰。

原理应用

盐水的凝固点要远远低于水，大约在零下20℃时才会结冰。所以在我国北方地区，每当下雪之后，人们都要在雪上撒盐，以降低凝固点，减少结冰。

动手做

1 往三个杯子里倒满水。

2 在第一个杯子里加入三勺蔗糖，在杯子上贴上“蔗糖”的标签；在第二个杯子里加入三勺食盐，在杯子上贴上“盐水”的标签；在第三个装满水的杯子上贴上“水”的标签。

3 将三个杯子都放到冰柜里，每隔两小时检查一下，看看三个杯子里的哪一种液体最先结成冰。

观察结果：猜一下哪个杯子里的液体最先结成冰，根据观察结果，看看自己的猜测是否正确，为什么？记录下原因。

实验目的： 测试气体在水中的溶解度与温度的关系。

19.

19. 让水来冒气泡

夏天的时候，池塘中的鱼常常要浮到水面上来吸气。而春天和秋天的时候，这种现象就少一些。下面就让我们用实验来解释一下其中的科学道理吧。

★难度级别 0 1 2 3 4 5

■ 准备好

❶碳酸饮料
❷碗
❸玻璃杯
❹冷水
❺热水

原理揭示

气体在水中的溶解度受温度的影响，温度越高，溶解度越小；相反，溶解度就越大。碳酸饮料是由二氧化碳溶解在水中制成的，所以当它遇到开水后，温度就会上升，二氧化碳就逸出；而放入冷水中的杯子，温度降低，气体不会逸出。

原理应用

由于气体在水中的溶解度与温度有密切的关系，因此我们打开汽水后，为了让汽水长时间有气泡，就要把它放进冰箱里。在养鱼的时候，如果水中的氧气不足，就要降低水温，以增加水中的氧气。

■ 动手做

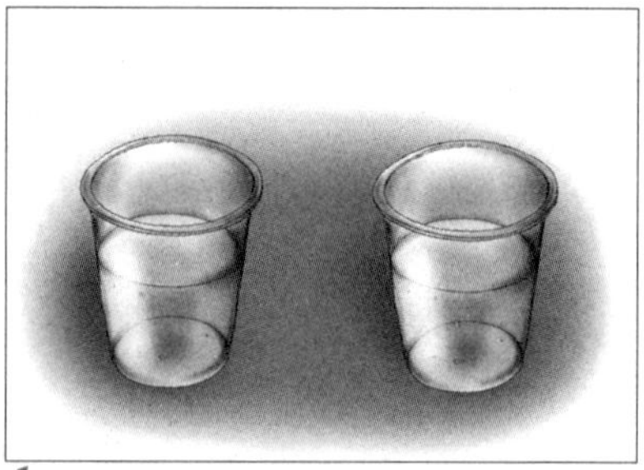

1 在两个玻璃杯中分别倒入半杯碳酸饮料。

2 在两个碗中分别倒入半碗冷水和半碗热水。确保杯子放入碗时，碗中的水不会溢出。

3 分别把两个杯子同时放在两个碗中，观察两个杯子中的变化。

观察结果：当杯子放到碗中的时候，两个杯子中的饮料有什么变化呢？

装有碳酸饮料的杯子放入冷水后，一些气泡上升到了液体表面，还有许多气泡聚集在杯底和杯壁上。装有碳酸饮料的杯子放入热水后，一些气泡迅速上升到液体的表面，并破裂。

20. 切冰块

实验目的：研究压力与冰的融点的关系。

20.

冰块冻得非常坚硬，如果要把它切开，只用一根细绳就可以了，你相信吗？下面就让我们一起动手做一个实验，用一根细绳把冰块切开。小朋友们，如果想知道为什么会这样，就亲自动手试试吧。

★难度级别 0 1 2 3 4 5

准备好

❶一瓶矿泉水
❷钢叉
❸铝箔
❹三角架
❺厚书
❻细绳
❼冰块

原理揭示

当冰块受到细绳的压力时，受压部分的熔点就会变低，这部分的冰就融化成水，于是冰块就被切开了。但当绳子陷在冰里，不再对上面施加压力的时候，上面的水就又冻结了。

原理应用

为了加大刀刃对冰的压力，冰鞋的设计都力求能使冰刀越来越薄。2002年，德国一家公司设计了一种冰鞋，它的冰刀比传统冰刀薄0.4毫米，在滑行时，能减少冰面融化所形成的水膜造成的阻力，提高运动员的滑行速度。

动手做

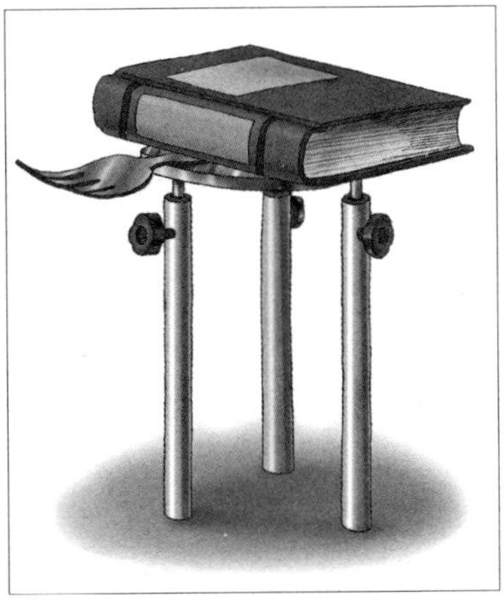

1 **把钢叉放在三角架上，用一本厚书压在叉子上，叉子一定要放稳。**

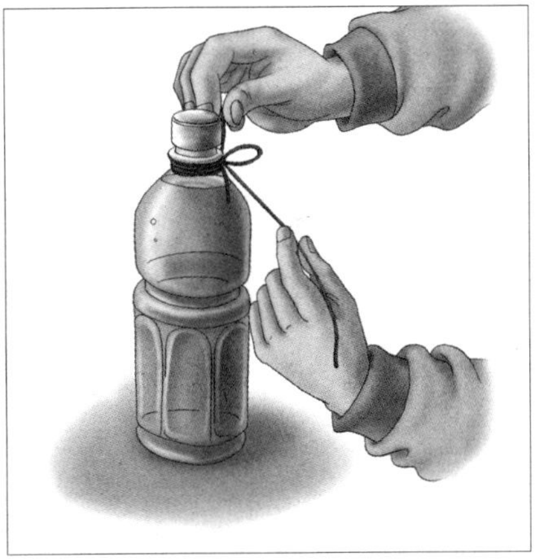

2 **用细绳绑住矿泉水瓶的瓶口，在瓶口多绕几圈，一定要绑牢固。**

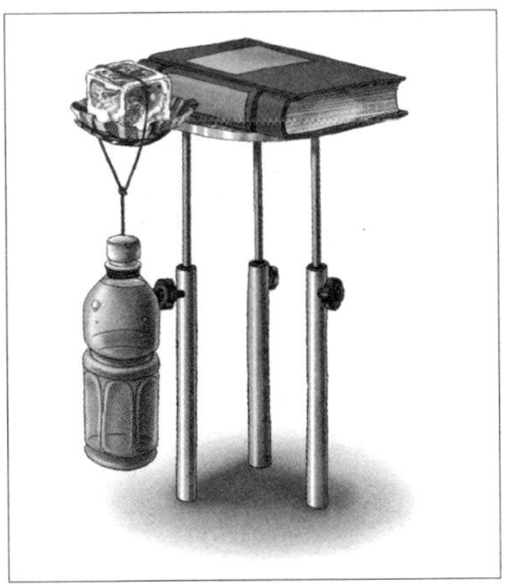

3 **把铝箔放在叉子上面，把冰块放到铝箔上。然后将套在矿泉水瓶口的绳套放在冰块的上部，让瓶子在冰块下面垂直悬挂。**

观察结果：2分钟后，把瓶子提起来，看看会发生什么样的现象。

绳子进入了冰块中，将冰块提了起来。

实验目的：认识渗透产生的压力。

21.

21. 渗透的力量

水和蔗糖溶液隔着薄薄的肠衣放在一起，结果水开始向蔗糖溶液渗透，渗透过程中产生的压力竟然可以使蔗糖液面上升，真是不可思议！下面就让我们通过这个实验领教一下渗透的巨大力量吧！

★难度级别 0 1 2 3 4 5

准备好

❶带孔的橡皮塞
❷玻璃管
❸5～6厘米的香肠肠衣
❹烧杯
❺蔗糖
❻红墨水
❼水
❽滴管
❾棉线

原理揭示

肠衣是一种半透膜。在实验中，烧杯和肠衣内的水分子可以相互渗透，但是袋内的蔗糖分子却不能透过半透膜进入烧杯。由于水分子会从溶液浓度低的水流向溶液浓度高的蔗糖溶液，因此袋内蔗糖溶液的体积逐渐增大，液面也就逐渐上升了。

原理应用

利用渗透压力的原理，人们研制出了反渗透技术，通过渗透，把原水中的水分子压到膜的另一边，制成纯净水。

动手做

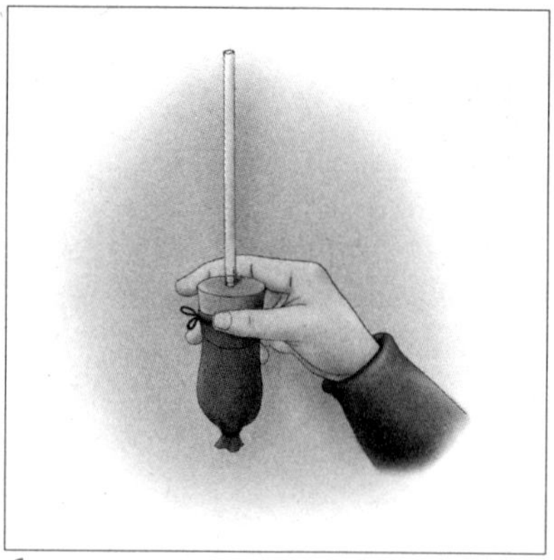

1 往橡皮塞的孔内插入一支玻璃管。把肠衣泡在水中，让它充分湿润。然后把肠衣的一头套在橡皮塞的下部，并用棉线把肠衣捆紧。肠衣的另一头也用棉线扎紧，做成一个口袋。

2 烧杯中加入水和两勺蔗糖，再滴入两滴红墨水，搅拌均匀。用滴管从玻璃管的上口把红色蔗糖溶液加到肠衣袋内，一直加到玻璃管的下部能看到红色液体为止。

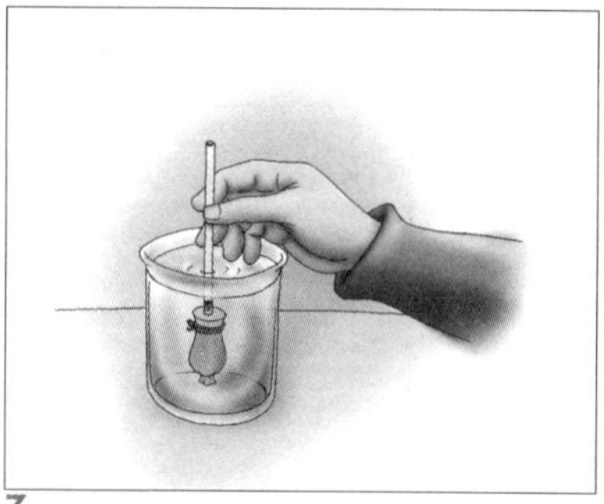

3 取另一个烧杯，盛满水。把肠衣袋浸泡在烧杯中，水要把肠衣袋完全浸没。

观察结果：仔细观察肠衣口袋上的玻璃管，看看会发生什么样的现象，并把它记录下来。

玻璃管内的红色液体在慢慢增多。

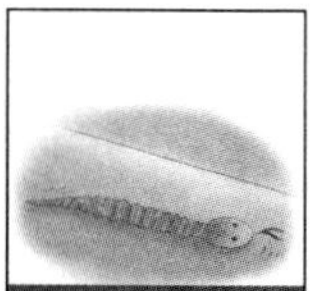

实验目的：测试毛细现象。

22.

22. 匍匐前进的蛇

丛林里的蛇总是在地上匍匐式前进，那么用纸折成的蛇能这样吗？只要在纸蛇的身上滴几滴水，它也能“匍匐前进”，真是非常有趣。如果你想知道纸蛇为什么能够前进，就来做做下面这个实验吧。

★难度级别 0 1 2 3 4 5

准备好

❶吸水纸
❷铅笔
❸剪刀
❹勺子
❺一杯水

原理揭示

纸蛇之所以会匍匐前进，主要是毛细现象的作用。由于吸水纸纤维之间的缝隙比较大，所以当水滴到纸蛇身上的折皱处时，水会因吸水纸纤维的毛细作用向四周扩散，折皱处也随之扩张，纸蛇便开始爬动了。

原理应用

生活中用纸巾来吸汗、用毛巾来吸水都是毛细现象的体现。另外，地下水沿着土壤的缝隙上升到地表的过程也是毛细现象的表现。而人们为了减少地表土壤水分的蒸发，就锄松土壤以破坏土壤的毛细管，来抑制毛细现象的产生。

动手做

1 **用铅笔在吸水纸上画出蛇的样子，并用剪刀把它剪下来。**

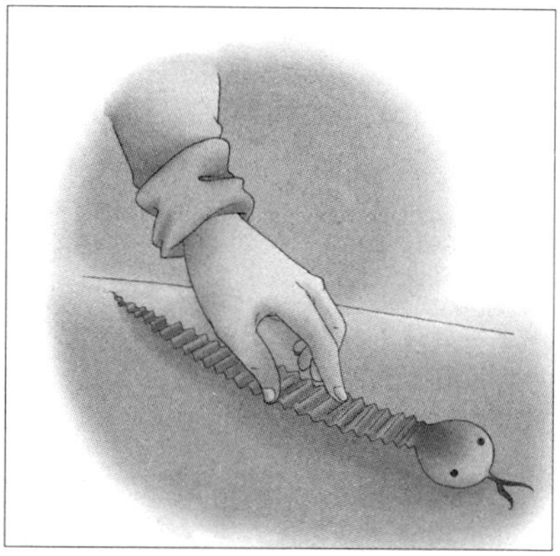

2 **把纸蛇折成折皱状，平放在桌子上。**

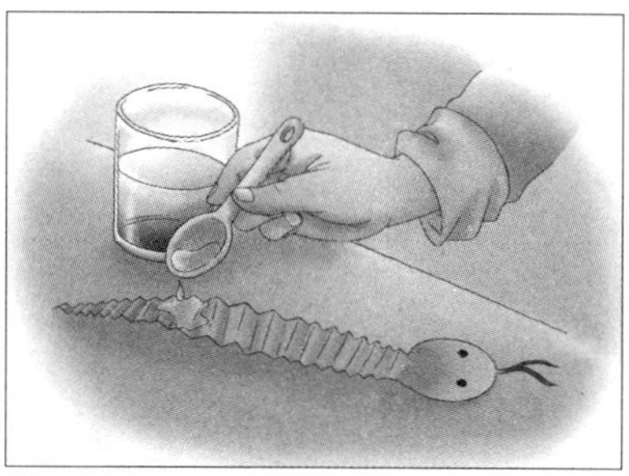

3 **用勺子舀一勺水，将水滴在纸蛇的身上。**

观察结果：将水滴在纸蛇的身上后，会出现什么现象？想一想其中的原因是什么。

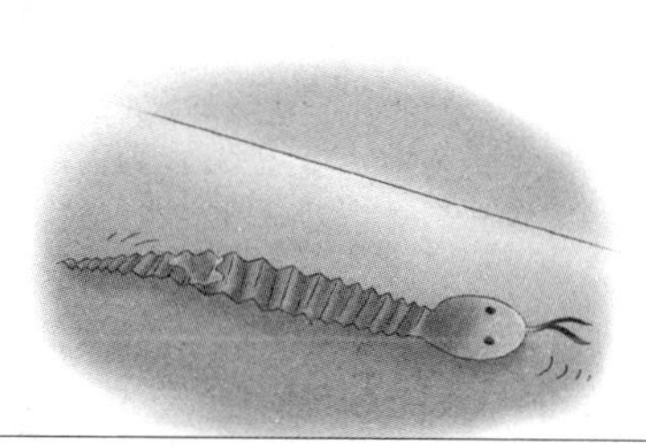

实验目的：验证虹吸原理。

23.

23. 虹吸装置

给鱼缸换水时，不需要把鱼一条条捞出来；我们长期不在家时，家里的花也不用一直“渴”着。因为我们可以设计一个虹吸装置，来“自动”为鱼换水，为花浇水。下面，就让我们了解一下什么是虹吸原理吧。

★难度级别 0 1 2 3 4 5

准备好

❶干净的橡胶管
❷玻璃缸
❸干净的水桶
❹酒精棉球
❺水

原理揭示

水缸和水桶中的水面都受到大气压的作用，由于液体的压力与高度成正比，而水缸中的水比水桶中的水高度更高，橡胶管插进水缸中的一端受到的压力大于水桶中的一端，所以水缸中的水就不断地流到水桶中了。

原理应用

抽水马桶就是利用虹吸原理工作的。排污时，水箱瞬间流入便池的水产生压力，将污物压出。同时在排污管道排污过程中自然产生旋涡，在污物流至存水弯的顶部时，由于惯性的原理，产生一定的吸力，这就是虹吸。

动手做

1　在玻璃缸里装入水，放在操作台上。水桶中装一些水，放在操作台下。

2　橡胶管一端伸入操作台上的玻璃水缸中。另一端延伸到操作台下的水桶中。

3　用酒精棉球擦净操作台下水桶中的橡胶管，然后用嘴在出水口吸啜，让水充满胶管。当胶管充满水之后，把橡胶管放回水桶中，观察现象。

观察结果：当充满水的橡胶管放回到玻璃缸中后，会出现怎样的现象，把你观察到的现象记录下来。

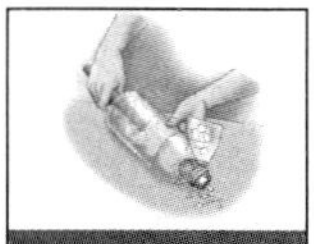

实验目的：通过制作简易“吸尘器”，认识大气压力。

24.

24.自制“吸尘器”

吸尘器是我们生活中重要的电器。有了它打扫卫生时就方便，只要轻轻地按一下开关，脏东西就会被它吸进“肚里”了。现在，我们也来制作一个简单的吸尘器，看看它能不能把灰尘吸起来。

★难度级别 0 1 2 3 4 5

准备好

❶大可乐瓶
❷剪刀
❸锤子
❹钉子
❺木棍
❻乒乓球
❼细绳
❽胶带
❾棉纸

原理揭示

拉动活塞时，空气从瓶口被抽进，由于大气压力，纸屑也随着空气进入到可乐瓶中；推动活塞，空气被挤压出去时，由于乒乓球的阻挡，纸屑不能从瓶口出去，只能由风门出去，从而被吸进纸袋里。

知道更多

真正的吸尘器用电机做动力，带动抽风机抽出空气，使吸尘器内部产生瞬时真空，在压差作用下吸入灰尘，空气被净化后由机体尾部排出，尘土则进入吸尘桶中。

动手做

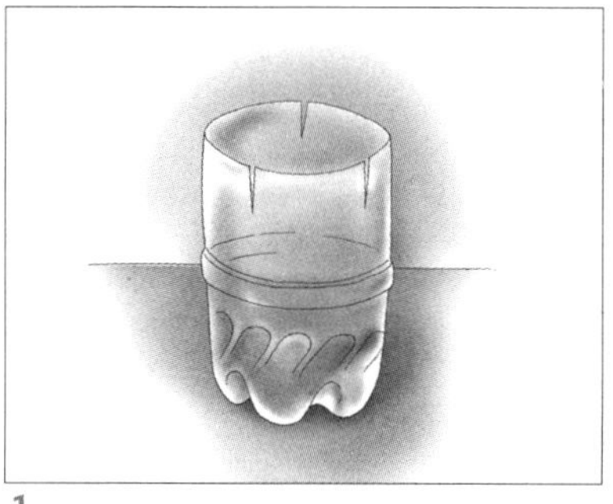

1 把可乐瓶下面三分之一的部分剪下，在剪下部分的瓶口竖着剪几个豁口，使它能塞进去瓶子的上半部分。

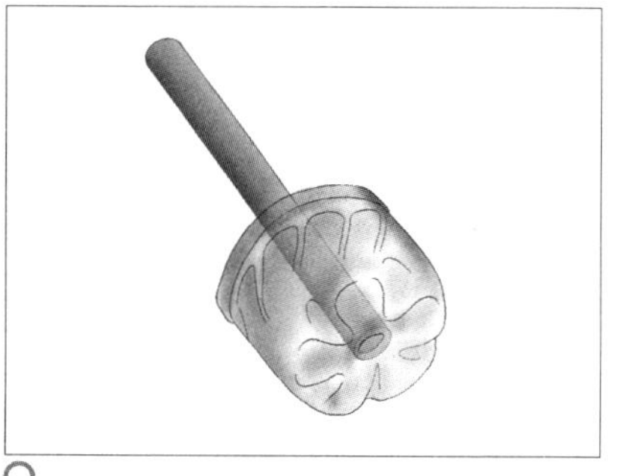

2 用锤子在瓶子里面的底部钉上木棍，作为活塞。

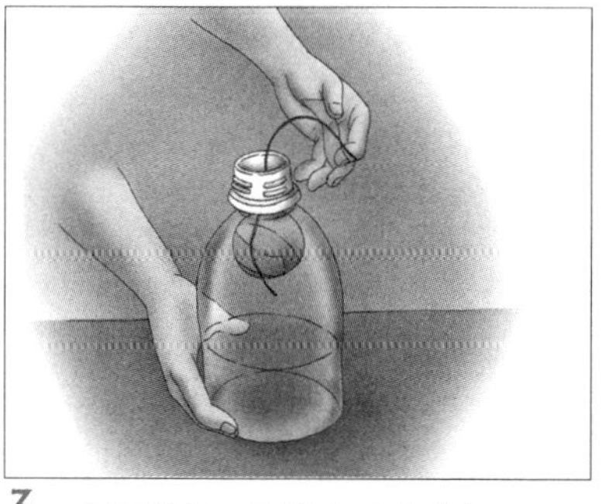

3 把细绳的一端粘在乒乓球上，另一头从瓶嘴中穿出来。把乒乓球拉到靠近瓶颈的地方，剪掉多余的细绳，把绳头粘在瓶嘴上。

4 在离瓶颈1厘米的地方剪一个口，作为风门；用棉纸做一个小袋，粘在风门上。将活塞塞进可乐瓶。

观察结果：在桌子上撒一些碎纸屑，将瓶口对准纸屑，拉动活塞。观察现象。

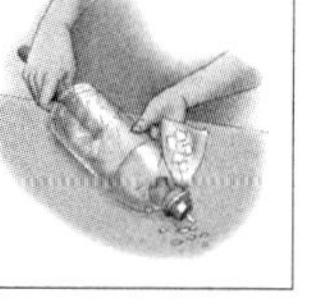

实验目的：通过制作希罗喷泉，测试大气的压力。

25.

25. 自制希罗喷泉

古代力学家希罗为了测试大气的压力，曾经设计过一种很有意思的喷泉。这种喷泉就叫希罗喷泉。下面我们就来验证一下这个喷泉实验，看看利用希罗喷泉，是怎么测试大气压的。

★难度级别 0 1 2 3 4 5

准备好

❶塑料碟子
❷可乐瓶
❸短玻璃管
❹橡皮管
❺桌子
❻喷嘴
❼夹子
❽铁架台

原理揭示

实验开始时，可乐瓶A里装满水，可乐瓶B里装满空气。打开夹子后，可乐瓶A的水受到空气的压力，就会沿着橡皮管上升，从喷嘴喷出，形成喷泉。而喷出来的水落到碟子上，流进了可乐瓶B里。

原理应用

大气压力可以推动液体上升，也可使液体下降。利用这个原理，人们制作了气压计，用它预测天气的变化。气压升高时，气压计水银液面就会升高，相反就会下降。气压高时天气晴朗；反之，可能有风雨出现。

动手做

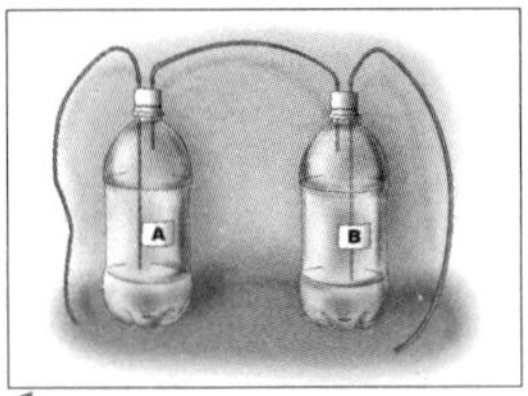

1 在A、B两个可乐瓶的盖子上各钻两个孔，如图中那样在孔中各插入一根带玻璃管的橡皮管，把短玻璃管接在另外一端；再用一根橡皮管把两个瓶子连接起来。

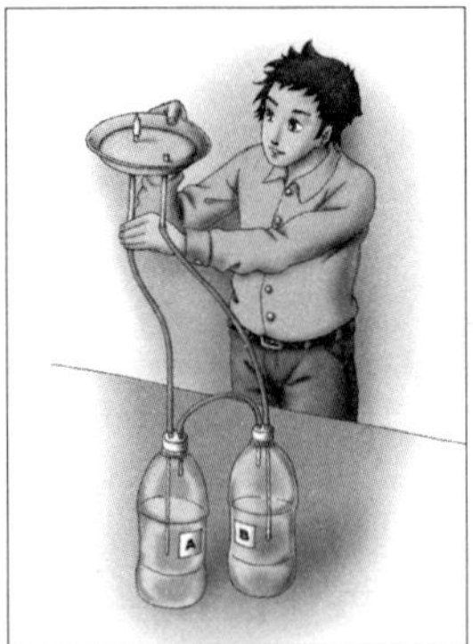

2 在塑料碟子的底部穿两个孔，接上橡皮管另一端的玻璃管。在碟子与可乐瓶A相连的玻璃管上套上喷嘴。

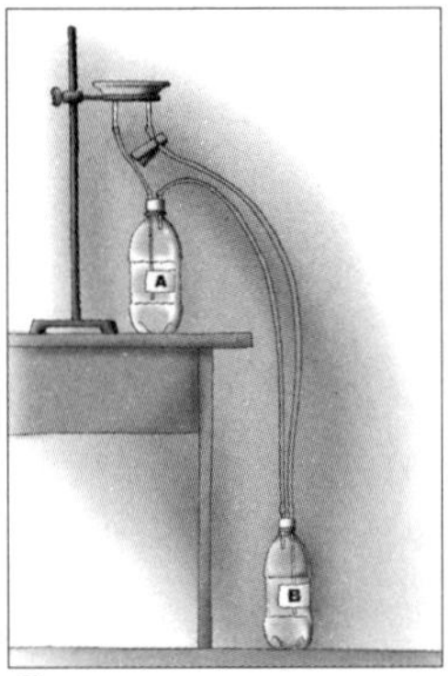

3 用夹子夹住与可乐瓶B相连的橡皮管，把碟子放在铁架台上，可乐瓶A放在桌子上，B放在地上。

4 向碟子中注水，直到可乐瓶A被灌满。打开夹子，观察水流的情况和喷泉的情况。

观察结果：向碟子里注水后，打开夹子后，出现了什么样的现象，想一想出现这种现象的原因。记录下实验结果。

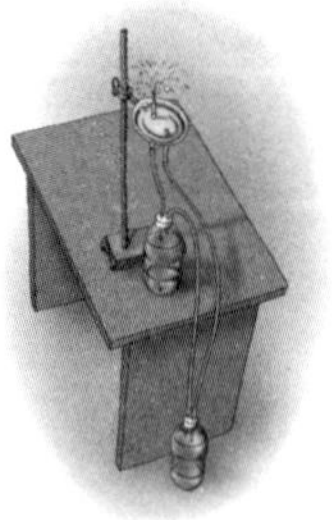

实验目的：研究液体的压强和深度的关系。

26.

26. 帕斯卡的桶裂实验

1648年，法国物理学家帕斯卡在12米长的管子上端，向连接在下面的水桶中灌水，结果水压把结实的新木桶胀破了，这就是历史上著名的帕斯卡桶裂实验。下面，我们就用一些简单的物品重现一次这个精彩实验。

★难度级别 0 1 2 3 4 5

准备好

❶圆柱形罐头盒
❷橡皮软管
❸漏斗
❹水杯
❺铁架台
❻脸盆
❼凡士林
❽剪刀

原理揭示

在实验中，随着漏斗被提起，液面的高度增加，罐头内底部的压强也就会随着增大。当橡皮管伸展到一定长度后，罐头盒下面粘紧的盒盖就脱落了。

原理应用

当一个人游泳潜入深水时，会感到胸闷，这说明水的深处压强很大。所以，潜水员在深水工作时，要穿潜水服作防护，以防胸腔被水压坏。同样，深水作业的潜水艇，外壳都比较厚，以防止被水下巨大的压强压扁。

动手做

1 **用剪刀在罐头盒的底部钻一个圆孔，将橡皮管塞进圆孔内。**

2 **将罐头盒的盒盖四周涂上凡士林，使盒盖可以粘在盒子上。将罐头盒倒置，固定在铁架台上。铁架台的下方放一个脸盆接水。**

3 **把漏斗连在橡皮管的另一端，逐渐地提起漏斗，让橡皮管伸直，同时不断向漏斗里注水。**

观察结果：观察橡皮管伸到多高时罐头盒的盖子脱落下来。

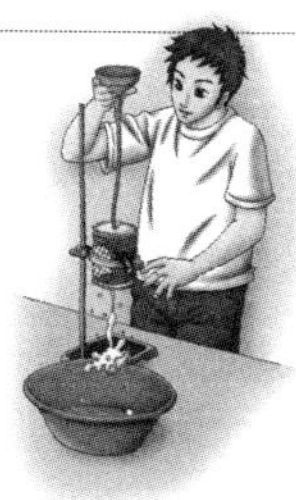

实验目的：了解水的深度与压强的关系。

27.

27. 看谁射得远

在可乐瓶侧面的不同高度上扎三个孔，装满水竖起来，从哪个孔中喷射出的水流最远？其实，利用前面帕斯卡实验的原理，我们就可以得出结论。为了验证你的答案，亲手做一下这个实验吧。

★难度级别 0 1 2 3 4 5

准备好

❶大可乐瓶
❷橡皮泥
❸锥子
❹彩笔
❺红墨水
❻滴管
❼脸盆

原理揭示

水的压强的大小取决于水的深度，而不是水量的多少和水域的形状。可乐瓶子由上往下，水的深度不断增加，水的压强越大，水流越强，喷射得也就越远。

原理应用

人们把河堤建成了上窄下宽的形状，正是为了适应河水随深度变化而产生的压强变化。而潜水员由海底返回海面时，也必须慢慢上浮，因为上浮太快的话，压强会突然变小，人体血液中的气体会迅速膨胀成为气泡，阻塞血管，潜水员就有生命危险。

动手做

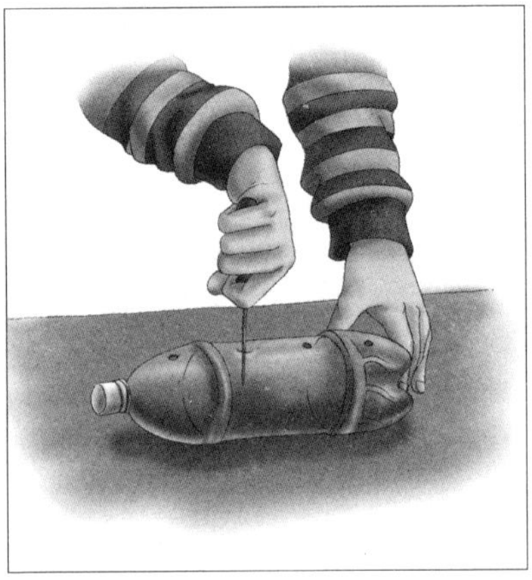

1 **在可乐瓶体上，用彩笔由上到下均匀标记出四个点，每两点的间距都是4厘米左右。然后用锥子在标记的位置钻个小洞，再用橡皮泥封住。**

2 **在可乐瓶中倒满水，然后用滴管向瓶中滴几滴红墨水。**

3 **把可乐瓶放在操作台的边缘，下面放一个脸盆，准备接水。抠去可乐瓶上的橡皮泥，观察现象。**

观察结果：抠去橡皮泥后，水从四个孔中喷射出来，哪个孔的水流喷射得最远呢？记录下你的观察结果。

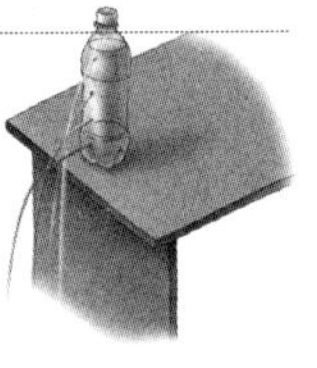

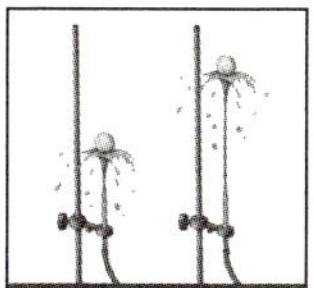

实验目的：了解气体与液体的压强和流速的关系。

28.

28.跳舞的乒乓球

下面的这个实验非常有趣，它能让乒乓球在水龙头上跳舞。这其实是伯努里原理的表现。那么什么是伯努里原理，它在生活中又有哪些应用呢？我们可以通过这个实验来了解一下。

★难度级别 0 1 2 3 4 5

■准备好

❶玻璃管
❷橡皮管
❸铁架台
❹乒乓球
❺水龙头

原理揭示

气体和液体在流动时，流速大的地方压强会比流速小的地方大，这就叫伯努里原理。这种压力差会使物体随着流体运动。实验中，当水的流速变小时，压强变小，乒乓球跃起的高度很低；当水的流速变大时，乒乓球就跃起得高一些。

原理应用

防风打火机就是利用伯努里原理制造的，打火机以高速喷出气体，在气流通道上合适的部位形成低压，将更多的空气"吸"进来，并和打火机的燃气充分混合，剧烈燃烧，使周围气体膨胀，压力增大，火焰则以较高的速度喷出。

■动手做

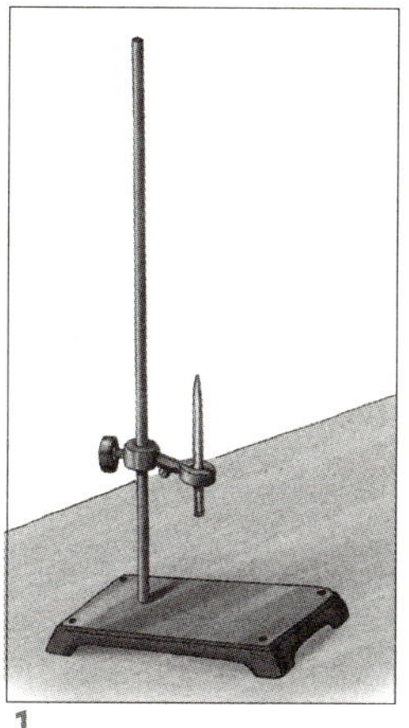

1 **将玻璃管垂直固定在铁架台上，尖嘴朝上。**

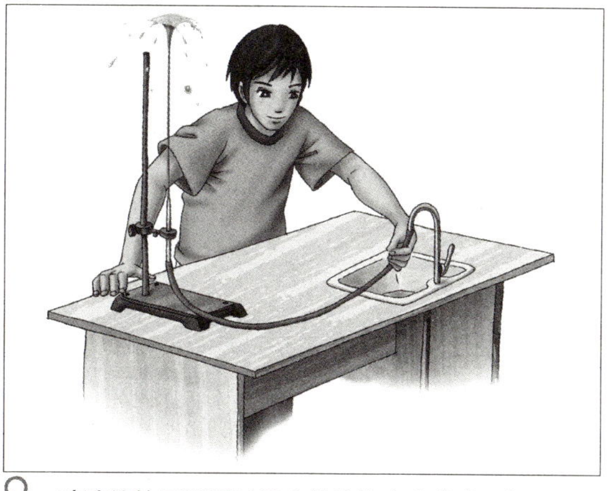

2 **玻璃管的下端通过橡皮管连接上水龙头，打开水龙头，让玻璃管的尖嘴喷出约一米高的水流。**

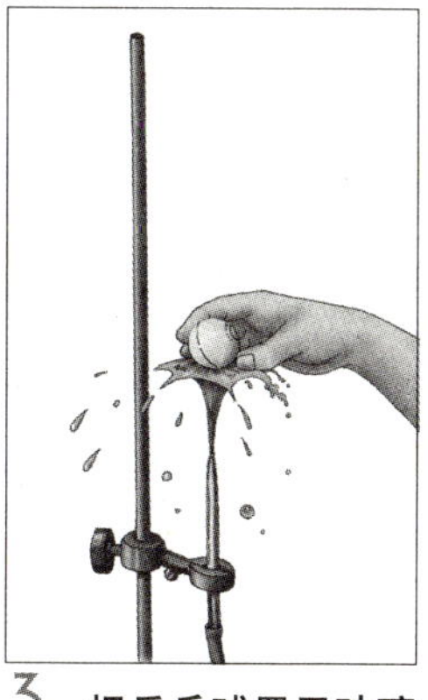

3 **把乒乓球置于玻璃管尖嘴上方几厘米处的水流中缓缓放手，乒乓球会在水上跳跃。调节水流大小，观察乒乓球的情况。**

观察结果：当水的流速变小时，乒乓球会怎样运动；当水的流速变大时，乒乓球又会怎样运动？把观察结果记录在下面。

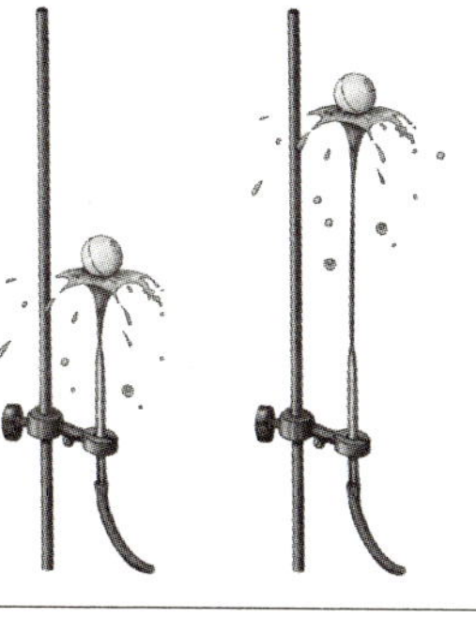

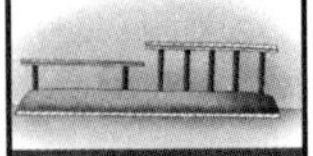

实验目的：了解压力大小与受力面积的关系。

29.

29.坦克为什么装履带

坦克，号称“陆战之王”，大约重50吨。这么重的坦克不仅能在坚实的土地上勇往直前，还能在松软的土地上行走自如，这都是因为它有一条宽宽的履带。通过下面这个实验，我们就来了解一下坦克履带的作用。

★难度级别 0 1 2 3 4 5

■ 准备好

❶细沙
❷厚纸板
❸长铁钉
❹胶水
❺剪刀

原理揭示

虽然第一块纸板上只有4个铁钉，更轻一些，但是纸板的压力都集中到了这4个铁钉上，所以会陷得深一些。而另一块纸板虽然重一些，但这些重量分散到了20个铁钉上，每个铁钉上受的压力小多了，这些钉子自然就不会陷得很深了。

原理应用

坦克的履带很宽，与地面的接触面积大，在松软的土地上行驶时，坦克的重量被分散到宽宽的履带上，所以能自如行驶。另外，人们把铁轨铺在枕木上，再把枕木铺在路基上，铁轨与地面的接触面积增大了，地面才能承受得了火车的重量。

■ 动手做

1 剪出大小相同的四块方形纸板。

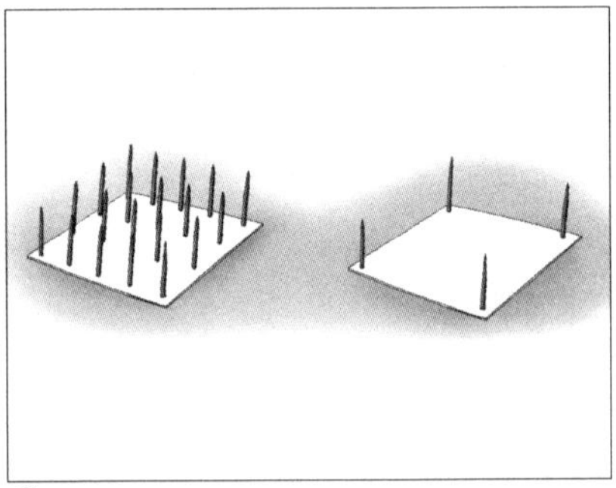

2 在一块纸板的四个角上钉进四个铁钉，在另一块纸板上均匀地钉上20个铁钉。

3 在两块纸板有钉帽的一面分别盖上一块纸板。用胶水粘起来。这样，纸板上的铁钉就可以固定住了。

4 另取一块大小为那两块纸板面积之和的纸板，在上面均匀地铺上细沙。把两块钉好铁钉的纸板放进沙盘中，让纸板的铁钉向下。

观察结果：仔细观察两块纸板上铁钉陷入沙子的程度，并记录下观察结果。

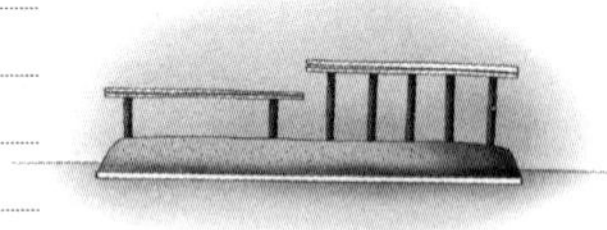

实验目的：认识压力与波纹结构的关系。

30.

30. 瓦楞纸木屐

在杂货店，我们常常会看到一种波纹状的硬纸板箱，它是由一种叫瓦楞纸的材料做成的。下面我们就通过一个实验，做一双瓦楞纸木屐，来了解一下瓦楞纸的波纹究竟有什么用处。

★难度级别 0 1 2 3 4 5

准备好

❶瓦楞纸板
❷胶带
❸剪刀

原理揭示

瓦楞纸是由两层两张薄而平的纸中间夹上一层波纹状的纸制成的。普通的纸很容易被压垮，而纸板重叠起来承重力就会增强，波纹状结构不仅把纸板重叠了起来，中间的空隙还使纸板具有了弹性，在碰撞后可以有效吸收能量，防止物品损坏，所以瓦楞纸有超强的承受能力。

原理应用

由于瓦楞纸缓冲性能好，可以避免商品受到碰撞和冲击，因此特别适合生产机械、机电等重型产品的运输包装。此外，在一些包装物的内部，还可以看到一些波纹状结构的垫衬，它也是利用了波纹状结构缓冲性好的特点。

动手做

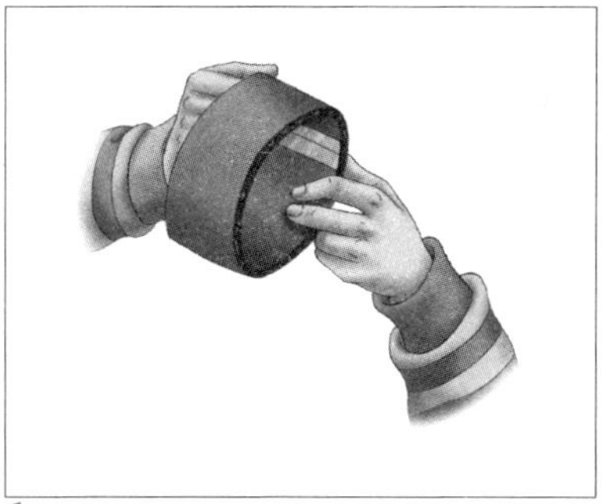

1 **将瓦楞纸板剪成5～6厘米的宽纸板条，并将长纸板条弯成环状，用胶带固定。**

2 **把两个环用胶带固定在纸板的底部。**

3 **按照以上的方法，再做一个纸板木屐。然后用胶带把两只纸板木屐与你的脚绑在一起。**

观察结果：穿着纸板木屐到处走一走，看看脚下的瓦楞纸环是否会被压垮。

实验目的：通过制作比重计，了解有关比重的常识。

31.

31. 制作比重计

比重计是一种常见的仪器，它能帮助人们测量不同溶液的密度，在化学、医学、应用物理等领域的用处非常大。下面，我们就教大家用普通的生活用具制作一个比重计。

★难度级别 0 1 2 3 4 5

准备好

❶吸管
❷水杯
❸橡皮泥
❹不褪色的记号笔
❺水
❻盐
❼勺子

原理揭示

溶液的密度越大，它的浮力就越大。在这个实验中，盐水的密度大于淡水，淡水中比重计标记的位置靠上，盐水中比重计标记的位置靠下，这说明盐水的浮力大于淡水。

原理应用

比重计可用来测量海水的密度，确定轮船的承载量。世界各地海水的密度是不同的，人们必须利用比重计测量海水的密度，轮船才能调整自己的承载量。如果载满货物的轮船驶入比重较小的水中，就有可能下沉，这是非常危险的。

动手做

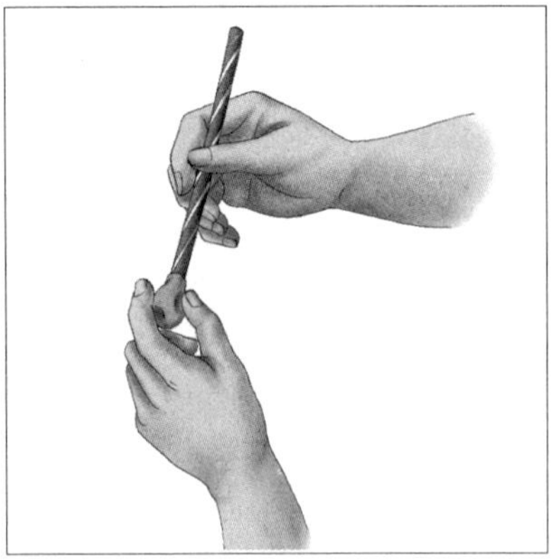

1 用橡皮泥把吸管的一端封闭，不要漏气。

2 将吸管放在水杯中，用记号笔在吸管上标出液面的高度。

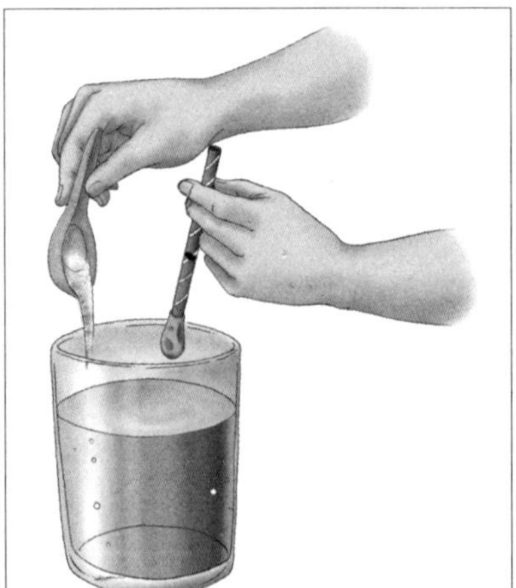

3 取出吸管，在水中加入一勺盐，搅拌使其溶解。把吸管放回水中，再在吸管上做出液面高度的标记。

观察结果：比较两个标记的高度，看看哪一个更高一些。

实验目的：测试水的浮力与物体形状的关系。

32.

32. 沉下去和浮起来

将同一种物质放在水中，物质的形状不同，在水中的状态也就不同：有的可以浮在水面上，有的却沉入了水底。你知道这是为什么吗？下面就让我们通过一个实验来解开其中的奥秘吧。

★难度级别 3（0–5）

准备好

❶橡皮泥

❷玻璃球

❸脸盆

原理揭示

物体能否浮在水面上，和它排开水的体积有关系。球形橡皮泥排开的水的体积很小，所以会沉入水中。捏成碗形后，虽然和以前重量相同，但排开的水多了，浮力增大，所以能浮在水面上。放入玻璃球后，小碗排开的水的浮力大于玻璃球和小碗自身的重量，所以不会沉没。

知道更多

根据浮力原理，人们在轮船旁用油漆画上很多水平横线，叫吃水线。用以表示不同载重时轮船排开水量后没入水中的深度。最高吃水线表示最大的安全载重量。如果轮船的吃水太深，超过了最高吃水线，就有可能会沉。

动手做

1 **脸盆里盛满水，把橡皮泥捏成球形，和玻璃球一起放到脸盆里。**

2 **把玻璃球和橡皮泥球从水里拿出来，把橡皮泥捏成碗状，中间凹陷，边缘翘起。**

3 **把橡皮泥碗放进脸盆里，然后往橡皮泥碗里放入两个玻璃球。**

观察结果：球状的橡皮泥会沉入水中吗？捏成碗状以后呢？在碗里放入玻璃球后有什么现象？把观察到的现象记录在下面。

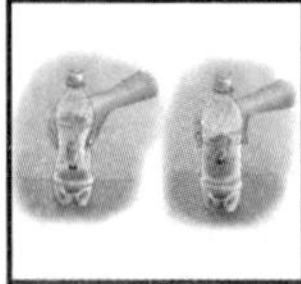

实验目的：研究潜水艇的沉浮特性，了解浮力。

33.

33. 浮上浮下的潜水艇

潜水艇不同于普通的船只，它可以在海面上自由地浮上浮下，你知道这是什么原因吗？下面就让我们完成实验，制作一个简易的潜水艇，认识一下浮力吧。

★难度级别 0 1 2 3 4 5

准备好

❶有盖子的空可乐瓶
❷眼药水小瓶
❸玻璃杯
❹螺母
❺水

原理揭示

装有水的眼药水小瓶产生的浮力令它可以悬浮在水中。当挤压可乐瓶时，可乐瓶里的水被空气压入眼药水小瓶中，小瓶变重，就会下沉；当你松手时，这部分水又跑出小瓶，小瓶变轻，又向上浮了起来。眼药水瓶受到的浮力的大小就等于眼药水瓶中排出的水的重力。

知道更多

潜水艇最外层是巨大的压载水舱。当压载水舱进入较多的海水时，潜水艇会变重，于是下沉；当压缩空气把压载水舱中的海水排出艇外后，潜水艇就会变轻，从而浮出水面。

动手做

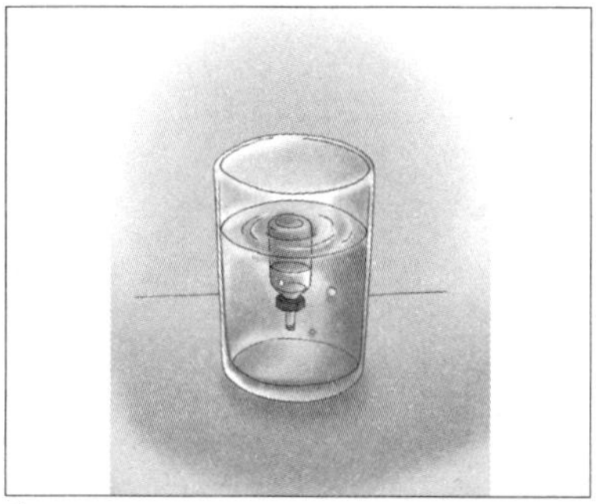

1 眼药水小瓶中装一些水，将螺母套在小瓶的瓶口，使小瓶刚好倒立在装有水的玻璃杯中，小瓶的底部露出水面一点点。

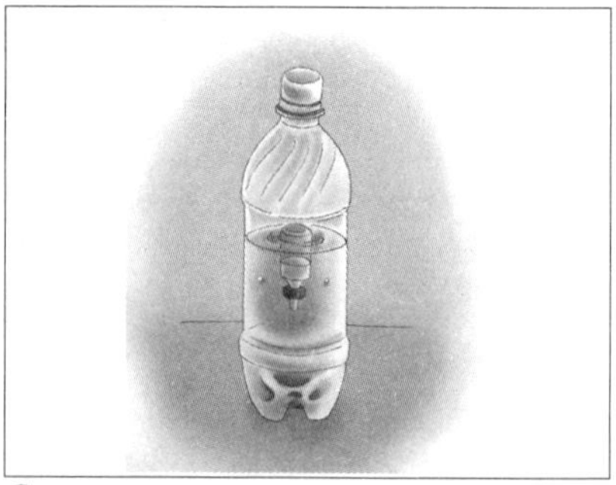

2 向可乐瓶中倒入大半瓶水，把眼药水小瓶放进可乐瓶中，让它倒立浮在水面上。拧紧可乐瓶盖子。小“潜水艇”就做成了。

3 用手轻轻地压扁可乐瓶，再轻轻地放手，观察现象。

观察结果：当手一压一松的时候，可乐瓶中的眼药水瓶出现了怎样的现象呢？把实验结果记录下来吧。

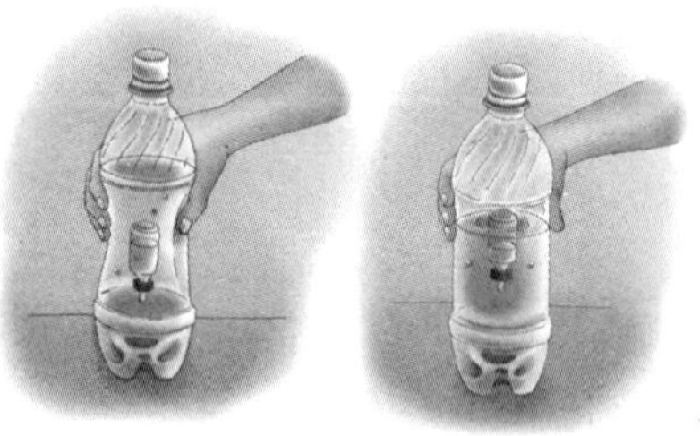

实验目的：测试水的浮力。

34.

34.浮力玩具

你见过这种小玩具吗？当你打开盖子时，里面会跳出一个小丑，盖上盖子后，小丑就乖乖地呆在罐子里了。小丑为什么能够自己跑出来，其中又藏着什么科学道理呢？你只要亲手做一下这个实验，就会知道了。

★难度级别 0 1 2 3 4 5

准备好

❶带盖的空罐子
❷泡沫塑料
❸厚纸板
❹竹签
❺细铁丝
❻彩笔
❼水
❽剪刀
❾强力胶

原理揭示

由于泡沫塑料的密度比水小，所以它会浮在水面上。我们只有对它施加外力，才能迫使它沉入水底。当罐子的盖子打开后，由于外力消失了，水的浮力就将泡沫塑料推上了水面。

原理应用

因为泡沫塑料能够浮在水面上，所以它非常适合制作救生衣。用它做成的救生衣，是远洋、沿海及内河各类人员救生时特别使用的。这种救生衣在水中浸泡24小时后，浮力也仅仅比原来减少了3%～4%。

动手做

1 用彩笔在厚纸板上画一个小丑的造型和小丑的两只手，然后剪下来。

观察结果：打开盖子，你看到了什么呢？

2 将竹签插在泡沫塑料上，竹签底部缠上两根铁丝。两根铁丝的另一端斜向上拉直，成“V”字形。竹签的长度不要超过罐子的高度。

3 用强力胶将小丑的头部粘在竹签上，将小丑的两只手分别粘在两根铁丝上。

4 将空罐内装入约三分之二的水，而后用手将做好的小丑压入水底，将盖子盖好。

实验目的：测试力的平衡，了解平衡所需的条件。

35.

35. 叉子的平衡魔术

杂技演员在表演走钢索时，手里常常会握一根长长的杆，通过调整杆的位置来保持身体平衡。为什么一根长杆就能调节人体的平衡呢？因为物体的平衡和重心的位置有关。下面我们就通过实验来了解一下保持平衡需要的条件吧。

★难度级别 0 1 2 3 4 5

准备好

❶马铃薯
❷铅笔
❸叉子
❹玻璃杯
❺细长刀

原理揭示

物体的重心越低、越是接近支持面，稳定性越好。一根铅笔的重心很高，玻璃杯上的支持点只有笔尖那么小，铅笔是不可能立在玻璃杯上的。插上马铃薯和叉子后，组合的质量增大，重心降低，使铅笔尖成为重心所在，就能立在玻璃杯上。

原理应用

比赛用车的底盘都非常低，这是为了避免比赛中赛车出现碰撞而导致翻车的现象发生。“低悬挂”型赛车在正常行驶状态时重心极低，一旦出现意外，不容易翻车，能够尽量降低赛手受伤的可能性，最大限度地保护人员的安全。

动手做

1 用细长刀先在马铃薯上插一小洞，然后慢慢地把铅笔沿小洞插进马铃薯，铅笔的笔尖要刺穿马铃薯后露出来。

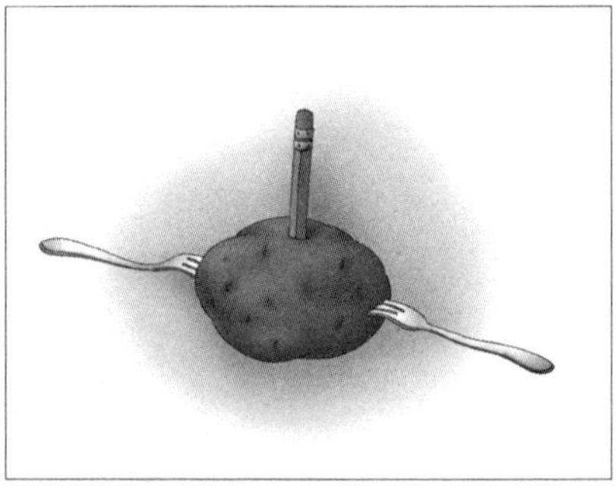

2 分别把叉子插入马铃薯的两边，注意让两把叉子的角度相同。

3 把玻璃杯倒扣在桌子上，然后试着把刚才做好的马铃薯组合立在玻璃杯上，注意只能让铅笔尖接触杯底。

观察结果：马铃薯组合能立在玻璃杯上吗？原因是什么呢？

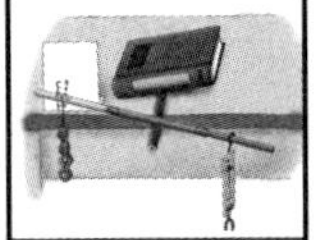

实验目的：了解杠杆省力的原理。

36.

36. 干活的好帮手——杠杆

阿基米德曾经说过：“给我一个支点，我可以撬动地球。”现实生活中，虽然没有人能真的撬动地球，但是借助这个“支点”，却可以挪动很多重量超过我们承受能力的东西。下面我们就通过实验，看看杠杆是如何使人省力的。

★难度级别 0 1 2 3 4 5（2）

准备好

❶吸管
❷胶带
❸螺母
❹细绳
❺直尺
❻铅笔
❼书
❽测力计
❾纸

原理揭示

任何杠杆都有三点两臂：支点，动力作用点，阻力作用点，动力臂，阻力臂。当阻力和阻力臂一定的时候，动力臂越长，所用的力就越小。实验中，两次使用杠杆时，测力计上显示的数字都小于螺母的真实重量，说明杠杆确实可以省力。

原理应用

生活中到处都可以看到杠杆的使用，如启瓶器、杆秤、手推独轮车等，就连我们每天都要反复开关的门也是利用杠杆原理制成的。

动手做

1 在桌子上放一根没有削过的铅笔，使铅笔的一端伸出桌面5厘米，然后用书压住。

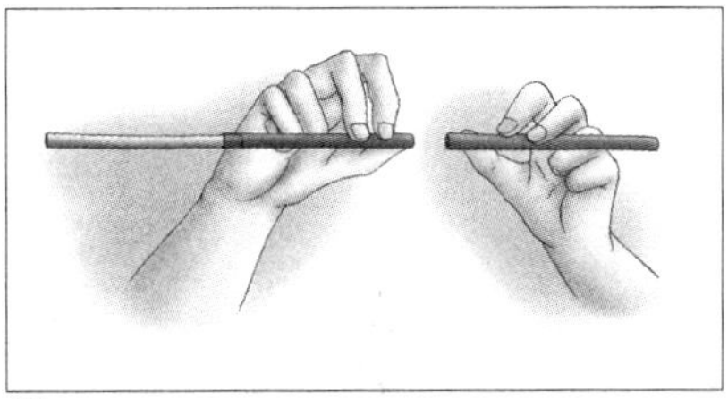

2 把一根吸管的一端压扁，插到另一根吸管中大约两厘米处，用胶带粘好。按照这样的方法，把几根吸管连接在一起，使它的总长度达到30厘米。

3 拿一张纸，向里折一下，从折痕处用直尺量出0到5厘米刻度，做好记号，立在桌子上。

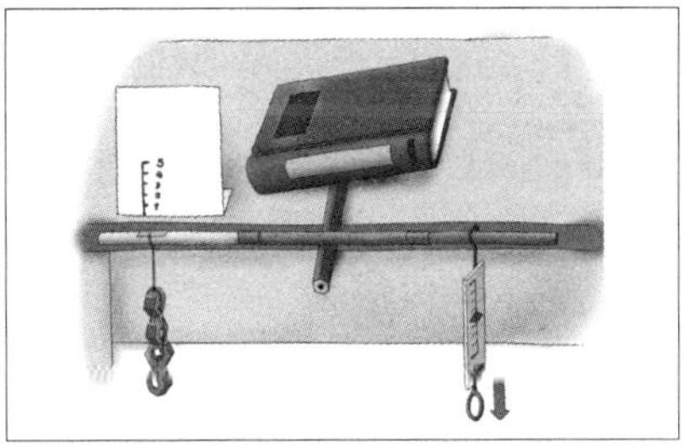

4 用细绳穿起4个螺母，用测力计测量一下，记录好数字。然后把螺母挂在吸管的左端，并粘好。吸管的右端挂上测力计，按照图中所示的方法，开始进行测量两次。测力计到铅笔的距离要始终大于螺母到铅笔的距离。

观察结果：记录下测量结果。并比较三个数字的大小。

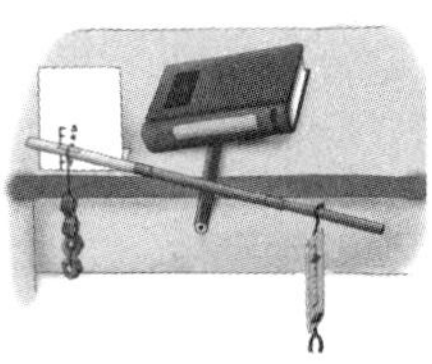

实验目的：测试物体的简谐运动。

37.

37. 蜡烛跷跷板

玩过跷跷板的人都知道，跷跷板不需要复杂的技巧，只要稍稍用力，就可以来回摆动。这种摆动看似简单，其实是利用了物理学中简谐运动的原理。下面，我们就通过一个有趣的蜡烛实验，来了解一下简谐运动吧。

★难度级别 0 1 2 3 4 5

准备好

❶蜡烛
❷玻璃杯
❸剪刀
❹火柴
❺铝箔

原理揭示

在实验中，由于蜡烛燃烧的两端不可能同时均衡地进行燃烧，当燃烧较慢的一端下压时就会滴下蜡油，于是这段蜡烛的重量减轻了，又重新高高跷起。周而复始，蜡烛这种简单的往复循环运动就是简谐运动。

知道更多

简谐运动是最简单的运动，我们在拨动绷紧的橡皮筋时，橡皮筋就会做简谐运动。自然界中存在着许多简谐运动，比如风吹树叶发出的震动；大货车压过桥梁时，桥梁发生的微小震动等等，但在现实生活中，人们很少直接应用这种简单的运动状态。

动手做

1 用剪刀把蜡烛的底部修剪一下，露出蜡烛的芯。将牙签从蜡烛的中心穿过。

2 把牙签的两端分别架在两个玻璃杯上，在蜡烛两端的下面分别放两张铝箔，用来接蜡油。

3 点燃蜡烛的两端，观察现象。

观察结果：点燃蜡烛的两端后，出现了怎样的现象，记录下观察结果。

实验目的：测试连杆原理的应用。

38.

38. 伸缩自如的手臂

让你站在一个固定的地方，去取两米以外的东西，这时你该怎么办呢？如果有一个能够伸缩自如的手臂，用的时候把它伸长，不用的时候再缩起来，那就省事多了。在下面这个实验中，你就可以自己制作一个这样的手臂。

★难度级别 0 1 2 3 4 5

准备好

❶瓦楞纸
❷螺栓和螺帽
❸颜料
❹螺丝刀
❺小刀
❻颜料刷

原理揭示

伸缩手臂的设计利用了连杆原理。当我们在手柄上施加拉力的时候，这个力会连续传导下去，使“手臂”的关节部分全都张开，所以“手臂”缩短。反之，“手臂”上的关节部分全部收缩，“手臂”就会伸长。

原理应用

连杆是汽车发动机中的重要零件，又叫做活塞连杆，可以连结活塞和曲轴，将作用在活塞上的各种力传递给曲轴，再将曲轴的旋转运动转换为活塞的往复运动。

动手做

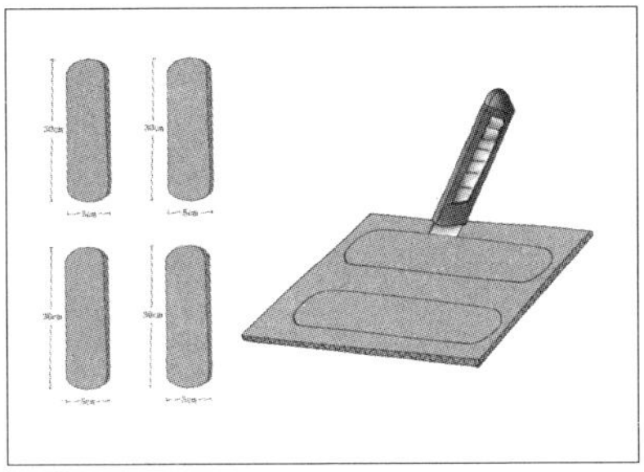

1 **按图所示的样子和尺寸，用瓦楞纸裁好6条“手臂”。**

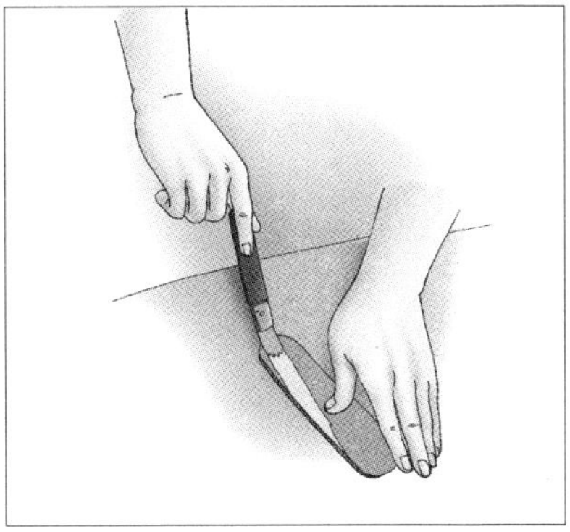

2 **在几条“手臂”上涂上自己喜欢的颜色。**

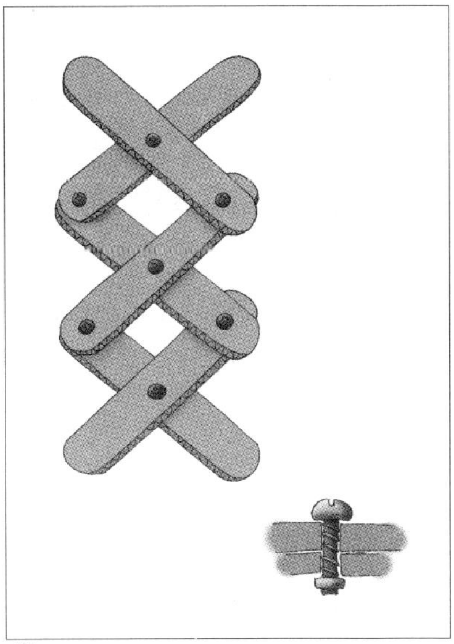

3 **利用螺栓和螺帽，将“手臂”如图所示，连接起来。**

观察结果：用双手握住一端，向里拉，再向外拉，观察现象。

实验目的： 测试摆的等时性。

39.

39.制作一个摆

四百多年前，意大利的科学家伽利略无意中发现，教堂顶上的吊灯每次摆动所用的时间是相同的，由此发现了“摆的等时性”。今天我们就通过实验，来验证一下这个规律。

★难度级别 0 1 2 3 4 5

准备好

❶大金属螺母
❷细绳
❸剪刀
❹秒表
❺椅子

原理揭示

一个摆的摆长越长，摆动的周期越长，而摆幅和摆锤的重量不影响摆的周期，这就叫摆的等时性。实验中，改变摆的重量，不会影响摆的周期，但是摆绳的长短会影响摆的周期。缩短摆绳后，摆的运动加快了，周期缩短了。

原理应用

钟表里有一个叫做“擒纵机构”的部件，下面垂有一个摆锤，它能使钟表的指针一点一点地转动，从而将时间一秒一秒地指示出来。所以机械式钟表能够计时，实质上就是利用了机械摆摆动的等时性。

动手做

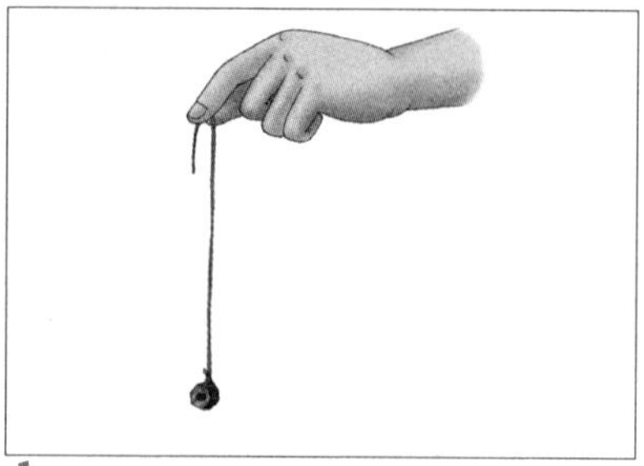

1 将细绳系在大金属螺母上，作为摆。

2 在地上背对背放两把椅子，椅子之间拉起一根长绳子。然后把系着螺母的绳子绑在这根绳子上面。

3 把螺母拉向一侧，松开螺母的同时开始计时，让摆摆动一分钟。

4 在绳子上多加一个螺母，重复步骤3。

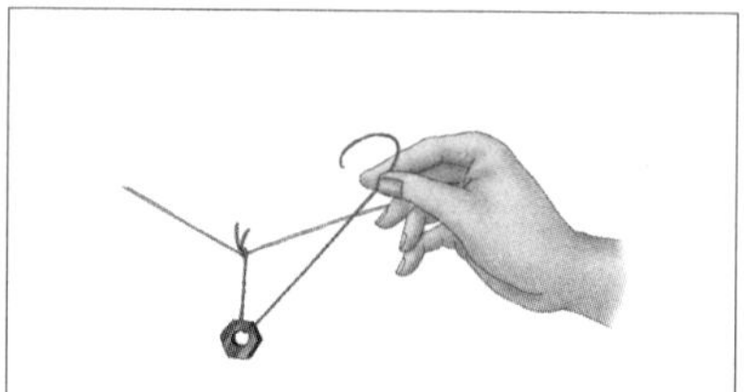

5 只系一个螺母，将绳子缩短，重复步骤3。

观察结果：在1分钟内，只系一个螺母的摆摆动多少下？系两个螺母的摆摆多少下？只系一个螺母，但缩短了绳子的摆摆多少下？

实验目的：认识共振现象。

40.

40. 一起摆动的摆

拉动一个摆，旁边的另一个摆也会运动，而且两个摆摆动的频率也是一样的。这就是物理中的共振现象。在下面这个实验中，你就会看到这个有趣的现象。

★难度级别 0 1 2 3 4 5

准备好

❶金属衣架
❷钳子
❸椅子
❹胶卷盒
❺大小相同的螺母
❻细绳

原理揭示

当物体受到的驱动力的频率接近物体的固有频率时，受迫振动的振幅最大，这种现象叫做共振。实验中，两个摆的长度相等，当摆动其中一个时，它会通过细绳向第二个摆传递振动。振动触动了第二个摆的自然频率，从而使第二个摆和第一个摆以相同的频率摆动，出现共振现象。

原理应用

盖房子时，建筑工人总是一面灌混凝土，一面用振荡器进行振荡，产生共振，使混凝土变得更紧密。此外，粉碎机、测振仪、电振泵等，也都是利用共振原理进行工作的。

动手做

1 用钳子从金属衣架上剪两根铁丝，每根长15厘米。然后用钳子将每根铁丝的一端捏成环形。

2 取两个胶卷盒，在每个胶卷盒的盖子中钻一个孔，把铁丝直的一端穿入孔内，然后把铁丝头向回弯，使铁丝能把胶卷盒悬挂起来。每个胶卷盒中放置同样多的螺母，盖上盒盖。

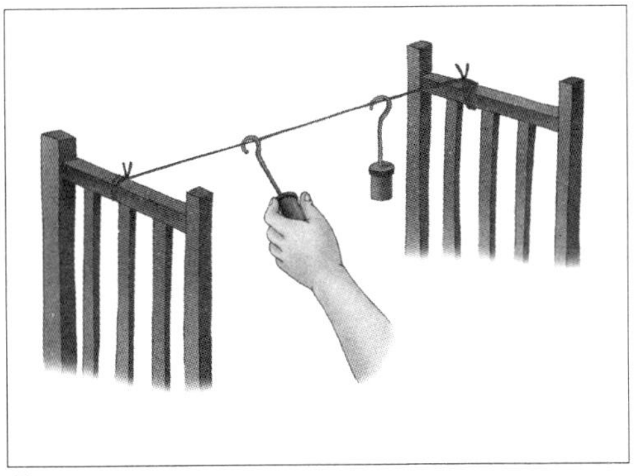

3 两把椅子背对放置，中间拉一根细绳，注意把细绳拉紧。然后把两根铁丝挂在细绳上，间隔大约10厘米，而且每根铁丝到细绳中点的距离相等。向后拉动其中一个胶卷盒，让它摆动。

观察结果：向后拉动一个胶卷盒的时候，另一个胶卷盒会出现怎样的情况。把你观察到的现象记录下来。

实验目的：认识轮轴的工作原理。

41.

41. 自制胶台

胶台是很常见的文具，但是在这个简单的文具中，也运用了一种机械的工作原理，这就是轮轴。在下面这个实验中，你也可以利用一些简单的物品，自己来制作一个胶台。

★难度级别 0 1 2 3 4 5

准备好

❶瓦楞纸
❷胶带
❸小石头
❹胶水和剪刀
❺锯齿刀片
❻竹签

原理揭示

把轮子装在轴的两端，轮子转动时，轮轴也跟着转动，这就是轮轴。实验中，胶台的制作就是利用了轮轴转动的原理。当我们拉扯胶带时，拉力便由胶带传动到轮轴上，使轮轴转动起来，我们就可以很轻松地拉下胶带了。

原理应用

日常生活中常见的汽车驾驶盘，制作陶器用的轮盘都是运用轮轴原理制成的。自行车的脚踏板和齿轮也是一种轮轴。另外，水车也是轮轴的重要应用，水的力量在桨叶轮边缘，可使中心轴旋转而带动其他机械运转。

动手做

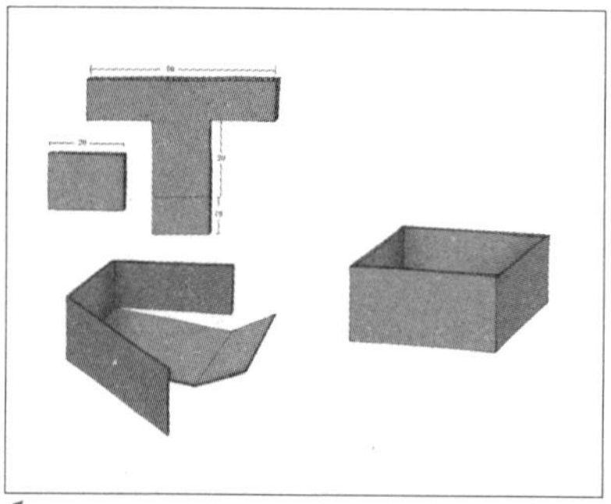

1 把瓦楞纸如图所示，裁剪成所需要的尺寸，组合成盒子后，用胶带固定。

2 在盒子长边两侧各切出一个凹口，把小石头装入盒子，盖上隔板。

3 用瓦楞纸剪一个直径为10厘米的圆纸板，再剪三个直径为7.5厘米的圆纸板，用胶水粘合在一起后，用竹签贯穿，放置在箱子的凹口上。

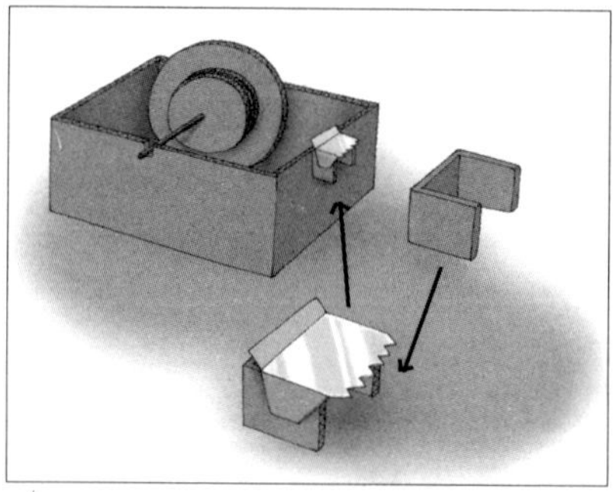

4 剪下一块瓦楞纸，将两端折起，贴上锯齿刀片，固定在箱子的前端。然后将透明胶带套在步骤3做成的瓦楞纸轴上。

观察结果：拉开透明胶带，把前端粘在锯齿刀片的锯齿上，试一试你的胶台好不好用。

实验目的：了解轮轴和履带的工作原理。

42.

42. 动物爬山

如果有个装置可以自动运送东西，不用人跑来跑去传递，那就会给人们节省很多时间。这样的机器，其实人们很早就发明了，利用的就是履带和轮轴。今天，我们也做一个传送装置，让我们传送的“小动物”自己爬上爬下。

★难度级别 0 1 2 3 4 5

准备好

❶纸盒
❷线轴
❸瓦楞纸
❹硬纸板
❺铁丝
❻彩色笔
❼胶水
❽剪刀

原理揭示

履带的表面是凹凸不平的，它与轮轴之间有很大的摩擦力，可以充分被轮轴牵引。实验中，线轴充当轮轴，瓦楞纸充当履带，当转动轮轴时，会牵动履带，同时带动其他线轴一起转动，使履带上的动物随之上升或下降。

原理应用

轮轴和履带的组合运用主要应用于大型工厂的传送带。把货物放在传送带上，利用电机的能量转动轮轴，带动履带，就可以很轻松地把货物运到指定的地点。

动手做

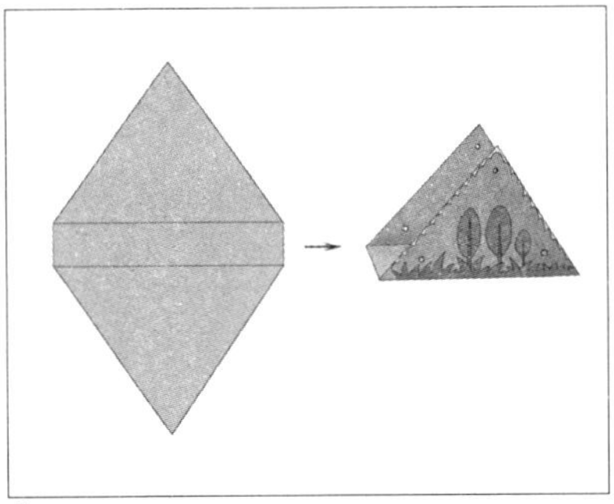

1 将纸盒如图所示，裁剪好。然后分别在盒子的三个角上穿6个洞。

2 将三个线轴分别套上铁丝，插入盒子上的三个洞中。右下角线轴上的铁丝做成把手的样子。

3 把瓦楞纸剪成比纸盒宽度略小的长条形，当作履带套在线轴上。

4 在硬纸板上用彩笔画出各种动物的形状，并将它们剪下来，粘在瓦楞纸上。

观察结果：转动盒子上的把手，观察盒子的运动现象。

实验目的：认识绞盘，了解它的工作原理。

43.

43. 做一个绞盘

绞盘是一种用来抬起重物的特殊轮轴。早在古代的时候，绞盘就被人们发明、使用，就是古时候人们打水的辘轳。在这个实验中，你可以自己制作一个绞盘，看看以前的人是怎样用这种工具从深井中提起一大桶水的。

★难度级别 0 1 2 3 4 5

准备好

❶没有打开的易拉罐
❷可弯曲的吸管
❸曲别针
❹一次性纸杯
❺细绳
❻螺丝
❻胶带

原理揭示

绞盘是轮轴的应用，操作时推动手柄，带动吸管转动。由于吸管上有一圈圈的弹性弯折，可以看作是轮轴。轮轴转动时，能使纸杯上的绳子缠绕在吸管上面，从而将纸杯提起来。

原理应用

轮船起航时，水手经常会用绞盘将锚拉起。绞盘也是地质、气象、工程等工作中必备的工具，在野外恶劣与复杂的道路条件中，可以用绞盘将车辆拖到山上；车辆出现事故时，也可以用绞盘来拖动使它前行。

动手做

1 把两个曲别针弯成“S”形，用胶带把两个易拉罐粘在一起，上下放置。如图所示，把曲别针分别粘在易拉罐上端的两边。

3 在纸杯边缘平均打三个孔，穿入三根短绳，将绳子系在一起，再接上一根较长的绳子。杯子里装上一些螺丝，用手提一下，感受你用了多大的力。

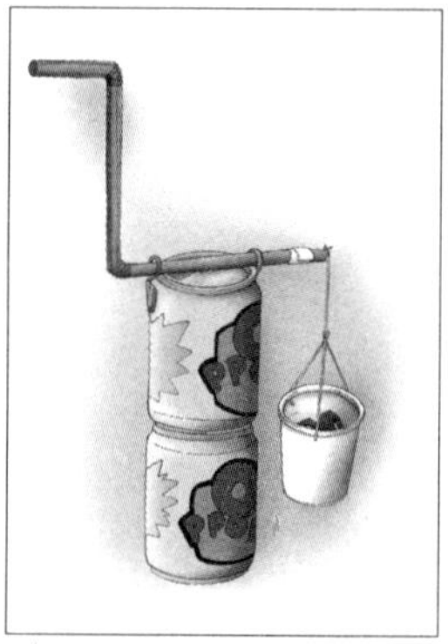

4 吸管长的一端穿过曲别针的孔，另一端向上弯。把细绳系在吸管的一端，转动吸管另一端的把手，抬起纸杯。

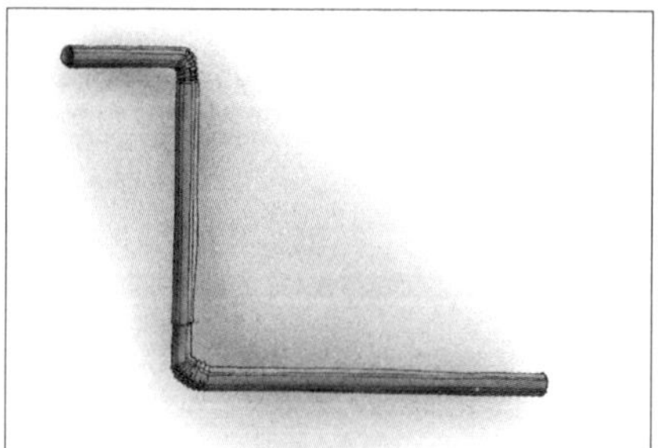

2 把一根吸管长的一端插入另一根吸管短的一端，以一根吸管作为轴，另一根吸管作为绞盘的把手。

观察结果：转动把手，看看你的绞盘能抬起多少个螺丝。比较一下这种方法和用手提杯子哪种更省力。

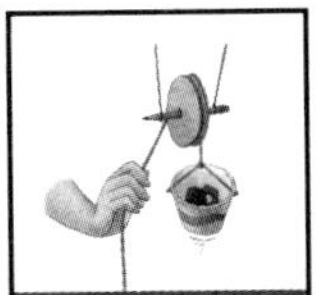

实验目的：了解定滑轮的原理。

44.

44.“指上为下”的定滑轮

我们都知道，把物体向下拉要比向上推容易。当我们想要抬起一个很重的物体时，就要想办法用“向下拉”的方法把它抬起来，这时候就用到了定滑轮。下面，我们就来看看定滑轮是怎样向下将重物抬起来的。

★难度级别 0 1 2 3 4 5

准备好

❶圆规
❷铅笔
❸厚纸板
❹胶水
❺一次性纸杯
❻剪刀
❼细绳
❽木棍
❾椅子
❿螺丝

原理揭示

实验中制作的机械叫定滑轮，它可以把向上的提升力转化为向下的拉力。定滑轮只改变力的方向，并不能省力。但是当人在向上举物体时，主要使用胳膊的力量，而在向下拉物体时，可以用到全身的力量，因此会感觉省力。

原理应用

生活中，人们经常会借助定滑轮来移动物体。比如旗杆的顶端是一个定滑轮，升旗时，同学在滑轮的一侧向下拉绳子，旗帜就会从另一侧向上升起。

动手做

1 用圆规在厚纸板上画三个圆，其中两个的直径是5厘米，一个的直径是2.5厘米，然后剪下来。

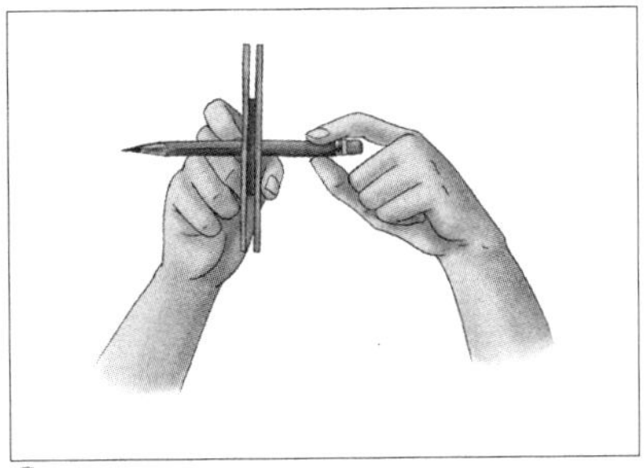

2 将三个小圆粘在一起，小圆夹在两个大圆之间，作为轮子。在轮子中心穿一个孔，将铅笔插入孔内。

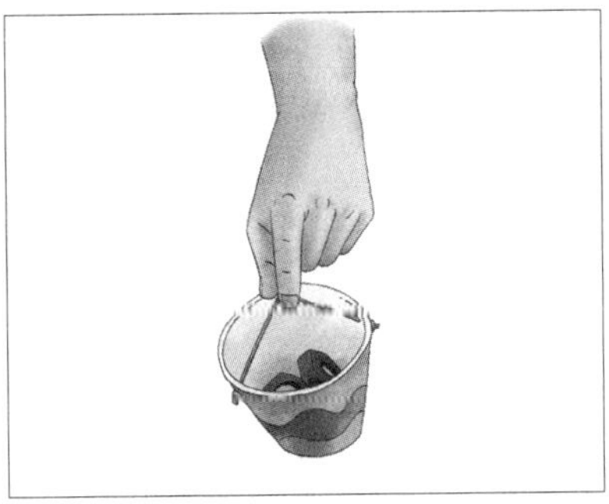

3 在纸杯接近顶部的地方穿两个相对的孔，将一根短绳绑在两个孔之间。杯子中放几个螺丝。

4 把木棍架在两把椅子之间，用两根细绳绑在铅笔的两端，然后悬挂在木棍上。把一根长绳放在滑轮上使它向两边垂下，然后把杯子系在绳子的另一端。

观察结果：拉动绳子，然后不断往塑料杯里添加螺丝，看你的滑轮能拉起多少螺丝。

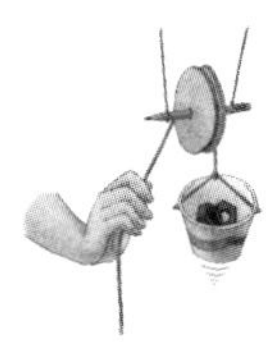

实验目的：了解声音在固体中的传播。

45.

45. 能将声音放大的扩音器

声音在空气、液体和固体等不同介质中，传播的速度不同。在一定距离内，声音越大，我们听得越清楚。当声音源距离我们远时，我们要想听得清楚，就要借助扩音器了。完成下面的实验，你就知道如何制作扩音器了。

★难度级别 0 1 2 3 4 5

准备好

❶厚纸板
❷一次性纸杯
❸硬纸盒
❹棉线
❺胶带
❻火柴棒
❼剪刀
❽小刀
❾铅笔

原理揭示

我们对着纸杯说话时，声波聚集在纸杯中，通过棉线传送到了另一端。由于声音在固体中的传送速度比在空气中快，而且硬纸箱周围竖起的边缘有聚声的作用，所以声音不但不会扩散，反而有扩大音量的效果。

原理应用

我们在向远处的同学喊话时，常常会用手拢成筒状或者把报纸卷成圆筒状再放在嘴边喊话，这时声音不仅被聚集了起来，还会通过报纸进行传播，声音就会变得更大了。

动手做

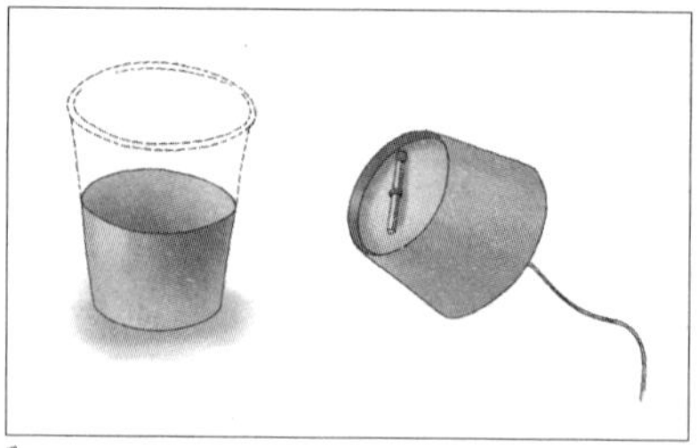

1 把一个纸杯切掉一半，留下有底的部分，将棉线从底部中心穿过，然后用火柴棒扣住。

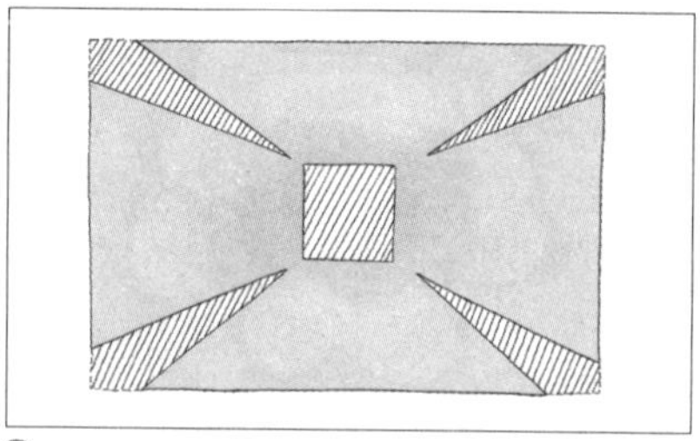

2 把厚纸板剪成长方形，在中心位置上画一个以纸杯口的直径为边长的正方形。按图所示，剪开四角，做成喇叭。

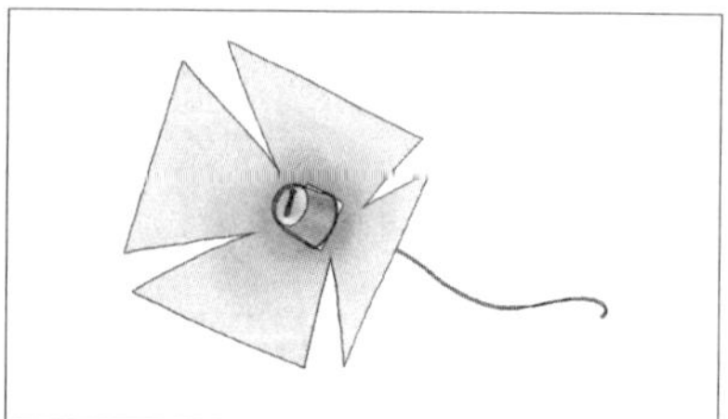

3 将步骤1中做好的纸杯倒扣安置在喇叭中间正方形的位置上，用胶带固定好，棉线要穿过厚纸板。

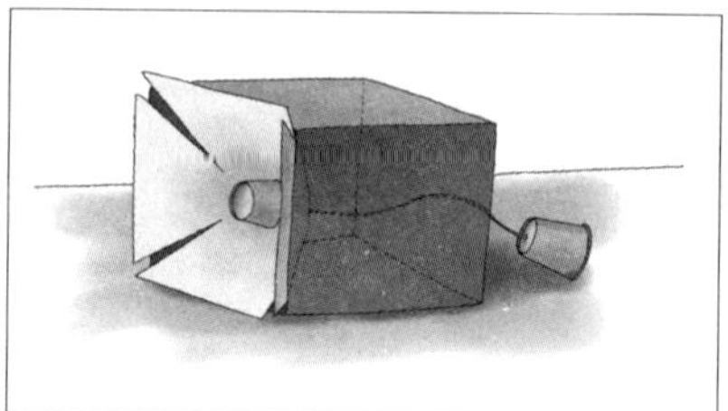

4 把喇叭装进硬纸盒中，棉线穿过硬纸盒。然后再将穿出的棉线穿过另一个纸杯。

观察结果：拉紧棉线，对着纸杯讲话，听听从硬纸盒喇叭中传出声音的大小。记录下实验过程。

实验目的：了解影响声波速度的因素。

46.

46.气体能够影响声音吗

声音与光、电不同，无色无形，看不见、却又随时随处都存在着。气体能够对声音造成影响吗？是的。空气中的二氧化碳气体就可以影响声音。那么它对声音能够造成什么影响呢？跟随我们的实验一起来看看吧。

★难度级别 0 1 2 3 4 5

准备好

❶塑料瓶
❷胶带
❸勺
❹发酵粉
❺醋
❻气球
❼线
❽托盘
❾录音机
❿记录用的纸和笔

原理揭示

声音在二氧化碳中传播，比在其他气体中传播的速度慢一些。实验中，气球充满的是浓度较高的二氧化碳气体，所以穿透气球的声速就会变慢。同时，气球也像光学透镜能够聚光的原理一样，能将穿过二氧化碳气体的声音集中起来，声音也就变大了。

原理应用

既然声波在不同气体中的传播速度不同，那就可根据不同的需要进行选择，制造出各种可以控制声音速度的仪器。

动手做

1 **将两勺发酵粉放入塑料瓶，在瓶中加入醋，使它们进行化学反应，生成二氧化碳。**

2 **将气球放在塑料瓶口，使二氧化碳气体充满气球，用线将球嘴系好，用胶带固定到托盘上。**

3 **把录音机打开，放置在距离气球50厘米的地方，然后绕着气球移动头，听听气球这边的哪个位置声音速度较慢，而且最清楚。**

观察结果：调整实验中的距离，将实验结果填入表格。

	收音机与气球的距离	气球与头的距离
第一次		
第二次		

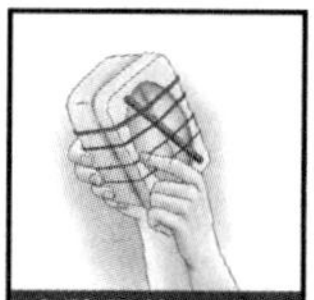

实验目的：认识音调，了解让音调改变的条件。

47.

47. 做个调音师

在吉他、大提琴、小提琴等弦乐器上，装着长短、粗细各不相同的琴弦。这些琴弦的样子不同，弹奏时发出的音调也会不同。为什么琴弦会有这种区别呢？做过下面的实验，你就会找到答案了。

★难度级别 0 1 2 3 4 5

准备好

❶带盖的塑料盒
❷小刀
❸粗细不同的橡皮筋
❹铅笔

原理揭示

橡皮筋的振动能通过盒子里的空气向外传递，声波会从盒盖的洞口往外传。细橡皮筋振动得比粗橡皮筋快，发出的音调比较高。当插入铅笔后，改变了琴弦的长短，琴弦长的地方振动慢，声音低；琴弦短的地方振动快，声音高。

知道更多

弦乐器是利用拨动琴弦，使空气振动来发出声音的。这些乐器由于操作方式的不同，可分成弓弦乐器和拨弦乐器两种类型，包括小提琴、中提琴、竖琴、吉他等。为了取得不同的声音效果，这些乐器上需要安装粗细不同、长短不同的琴弦。

动手做

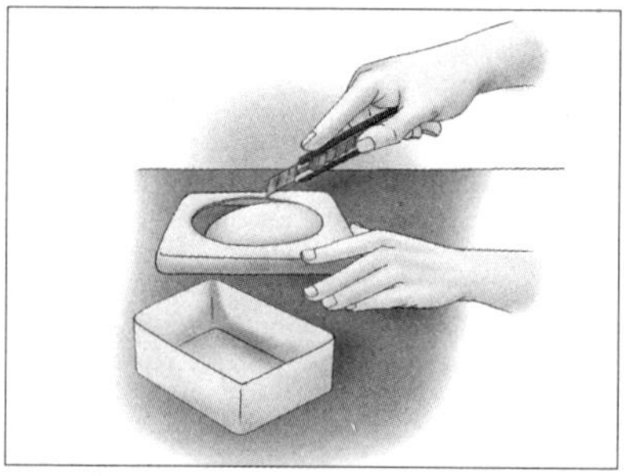

1 用小刀在塑料盒的盒盖上割一个椭圆形的洞。

2 盖上盒盖，把4条长度差不多、但粗细不同的橡皮筋绑在盒子上，每条橡皮筋之间留一定的距离。

3 用手拨动粗细不同的橡皮筋，比较声音的不同。

观察结果：用手拨动粗细不同的橡皮筋，声音的高低一样吗？如果在盒盖和橡皮筋之间放一根铅笔，改变琴弦的长度，再拨动橡皮筋，声音又有什么不同？

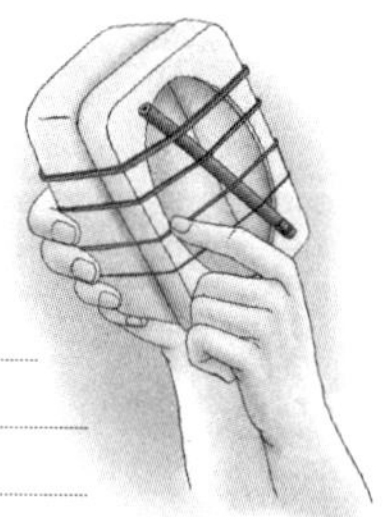

实验目的：了解声波波长与管乐器的管长的关系。

48.

48. 吸管风琴

你可能对乐器并不陌生，但是我们今天介绍的乐器，是用吸管制作的风琴。吸管风琴不但能够吹奏出声音，而且还能演奏出旋律来。如果你也想制作这样一个风琴，那就跟随我们一起来完成下面的实验吧。

★难度级别 0 1 2 3 4 5

准备好

❶长度相同的吸管

❷格尺

❸笔

❹剪刀

❺胶带

原理揭示

吹奏吸管风琴时，嘴里的气流会振动敞口吸管中的空气，产生驻波。吸管越长，产生的驻波就会越长，波的频率越低，也就是发出的音调越低；反之，吸管越短，驻波越短，波的频率越高，音调也就越高。

知道更多

声源体发生振动会引起四周空气振荡，这种振荡就是声波。声波在开阔空间中，能够借助空气向四面八方传播。除了空气、水、金属、木头等也都能够传递声波，它们都是传递声波的良好介质。在真空状态中，声波就不能传播了。

动手做

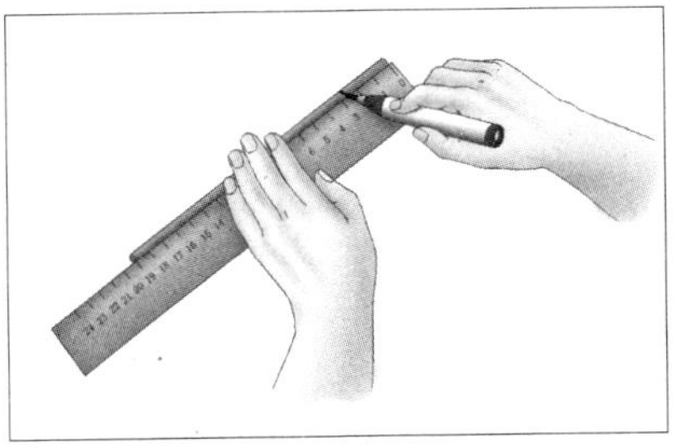

1 **用格尺在吸管的一端量出2.5厘米的长度，用笔做出标记，将2.5厘米的吸管剪下。**

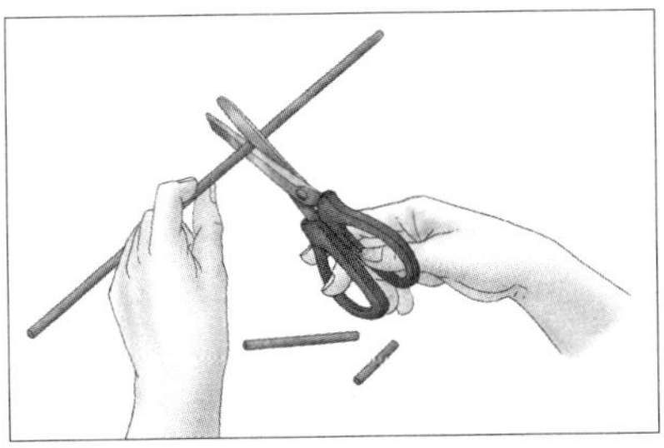

2 **重复第一步骤，将吸管剪成需要的长度，每一根吸管比上一根长2.5厘米，一共剪出6～7根不同长度的吸管。**

3 **将吸管由长到短排列起来，将一端对齐，用胶带粘到一起。试着吹奏，注意长短管音调的差异。**

观察结果：吸管的声调是怎样的？

实验目的：测试共鸣的现象。

49.

49.会唱歌的夜莺

我们都知道夜莺的叫声很嘹亮，可是你见过纸制的夜莺也能发出嘹亮的声音吗？其实，只要借助共鸣箱就可以做到。有了共鸣箱，我们就可以让纸“夜莺”发出嘹亮的声音。

★难度级别 0 1 2 3 4 5

准备好

❶纸杯
❷吸管
❸硬纸板
❹胶带
❺胶水
❻彩色笔
❼剪刀

原理揭示

实验中，两个粘合在一起的纸杯相当于一个封闭的共鸣箱。当我们借着吸管，将空气吹入洞内，使得纸杯中的空气受到振动而形成音波，在杯内经过反射，产生共鸣，然后就可以变成较大的声音传出了。

原理应用

共鸣现象主要应用于乐器演奏。乐器共鸣箱把密封在共鸣箱内的声音聚拢起来，反射后通过音孔发出来，使声音能够集中向前传递。吉他的箱体、小提琴的琴体都是共鸣箱。有了共鸣箱后，琴弦的声音就变得更加洪亮了。

动手做

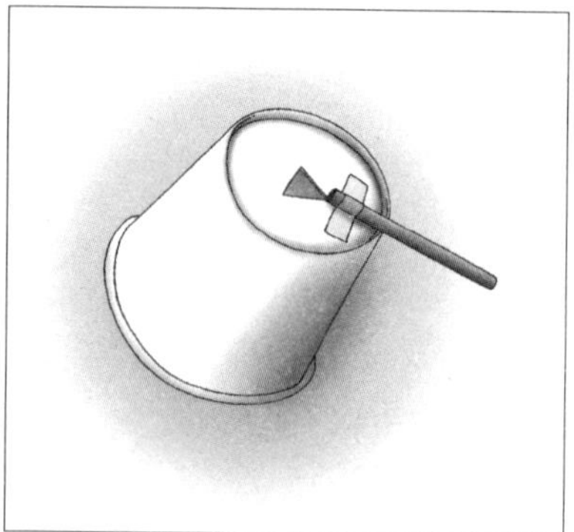

1 在纸杯的底部剪个三角形的孔。把吸管用胶带固定在这个纸杯的底部。吸管对着三角形的顶角。

3 在纸杯上画出鸟的眼睛，用硬纸板剪出鸟嘴、鸟翅膀的形状，贴在纸杯上。

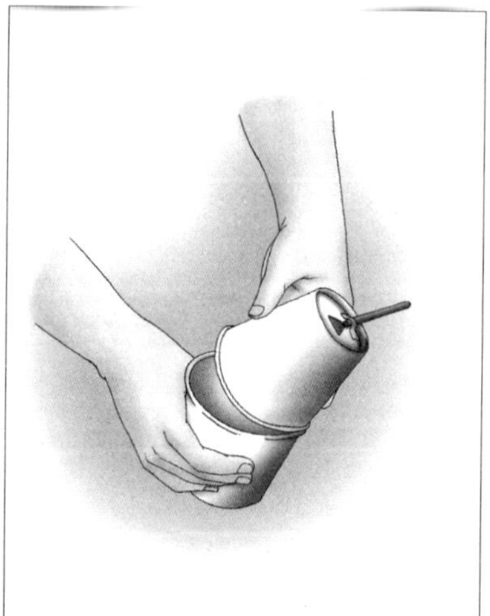

2 在纸杯的杯口边缘涂上胶水，和另一个纸杯以杯口对杯口的方式粘合起来。

观察结果：用吸管吹气，纸杯中出现了什么现象，记录观察结果。

实验目的：了解影响声波传递的材料。

50.

50.让声音消失

借助现代科技，喜欢安静的人们可以很轻松地对声音进行隔音或是消音处理。那么，到底怎样做才能削弱声波呢？下面我们就选择几种不同的物质，看看声波遇到它们后，发生了什么变化。

★难度级别 0 1 2 3 4 5

准备好

❶录音机
❷垫子
❸尺子
❹剪刀
❺纸板、塑料泡沫、橡胶

原理揭示

材料的密度越高，吸音效果越强，此外，较软的材料比坚硬的材料吸音效果好。实验中，塑料泡沫材质较软，所以吸音效果比纸板好，而橡胶的密度较高，也可以达到良好的吸音效果。

原理应用

吸音原理可以有效地帮助人们处理有害声音。比如，对飞机发动机和机场周围的建筑物进行隔音处理，就可以减小飞机的轰鸣声对人们生活的影响。此外，修路的工人使用电钻时间久了也会损害听力，因此工作时总是戴着保护耳朵的装置。

动手做

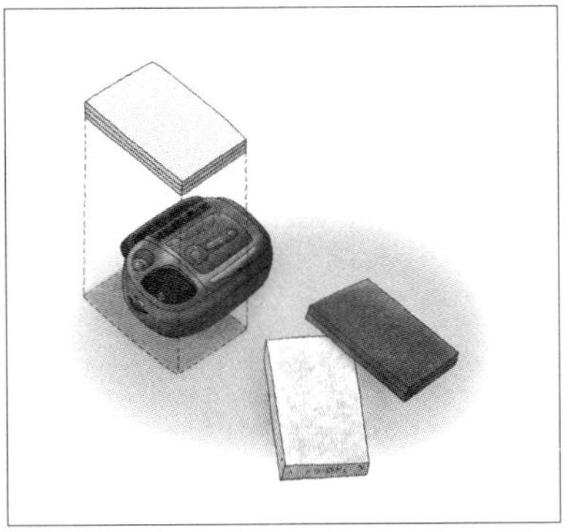

1 将需要测试的纸板等材料剪开，使材料四周长度略大于录音机喇叭1.5厘米左右，材料的厚度叠加至1.5厘米。

2 将录音机放在垫子上，借助垫子吸收录音机背面的杂音。将准备好的纸板放在录音机喇叭上方，开始收听。逐渐减小录音机音量。

3 使用塑料泡沫、橡胶等其他材料，重复上面的实验。

观察结果：调节音量直至听不到声音，记录下此时音量旋钮上的数字。比一比，哪种材料的吸音效果最好？

实验目的：测试平面镜的成像原理。

51.

51.让钱消失的储蓄罐

储蓄罐真能让钱消失吗？不是的。准确地说，这只是让罐中的钱隐身的魔术而已。在下面的实验中，我们就制作一个这样的储蓄罐，不仅能让钱隐身，还会有篮球浮在空中。让我们一起动手做做吧。

★难度级别 0 1 2 3 4 5

准备好

❶牛奶盒
❷厚纸板
❸和盒子等高的镜片
❹透明的塑料薄膜
❺泡沫塑料
❻有花色图形的纸
❼剪刀
❽胶带

原理揭示

镜子映照出的物像与镜子间的距离和实际物体与镜子间的距离是相等的，因此从纸盒的窗口往里看，我们似乎看到了纸盒的整个内部，但实际上看到的只是镜子和纸盒的半边。投入的钱掉在了纸盒的另一侧，看上去就像消失了。半个篮球和镜子里映照出的篮球图像吻合在一起，就看似一个完整的球。

原理应用

平面镜成像广泛应用在试衣镜、化妆镜等需要按照真实大小反映物体的地方。

动手做

1 把牛奶盒剪开，做一个没有顶部的立方体盒子。盒子的内侧和外侧都贴上有花色图形的纸。在盒的一侧剪一个小口，做为投币口。

2 用泡沫塑料做个球形，外面画上篮球的图形，形成半个篮球。把它小心地粘在镜片正面。把镜片斜着插入盒子。

3 用硬纸板做一个窗口，窗口上贴上透明的塑料薄膜。把窗口装在纸盒的顶部。

观察结果：将硬币或者纸币从投币口投进去，看看会发生什么样的事情。

实验目的： 测试角形反射器的反射现象。

52.

52.汽车的车灯为什么有棱

汽车车灯的光线能够射出很远，而且比一般灯光亮，即使离得很远，我们也可以看到车灯的光线。如果仔细观察，就会发现，车灯是用棱纹状的玻璃制成的。下面我们就来看看棱纹车灯的好处究竟是什么。

★难度级别 0 1 2 3 4 5（3）

■ 准备好

❶15厘米×15厘米的玻璃镜面
❷胶布
❸厚纸板
❹量角器
❺铅笔
❻小玩具

原理揭示

光线通过平面镜反射，反射的光线再通过平面镜，会再次进行反射。把平面镜设计成不同的角度，可以使光线进行多次反射，能够观察到更多的目标。平面镜的角度与反射出物体的个数之间是有规律的，计算公式为：（360°÷镜子的角度）－1＝可映照出的物体个数。

原理应用

汽车的尾灯大多设计成棱纹形状，可以把光线从各个角度多次进行反射，增加光的亮度。这样，后面的车辆即使距离较远，也能看到前面的车，从而有效避免交通事故。

■ 动手做

1 **把两块玻璃镜面的边缘都贴上胶布，再用胶带粘牢。玻璃镜面很锋利，注意不要划伤手。注意镜面之间要留有一定的空间，使镜面能自由转动。这就是一个简单的反射器。**

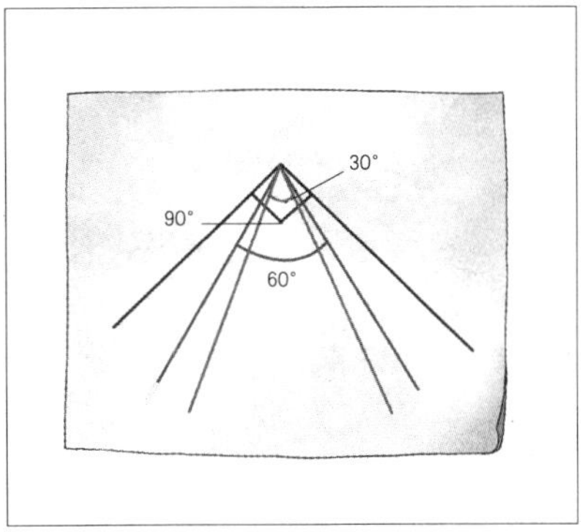

2 **用量角器在纸板上标出如下角度：90°、60°、30°；标记要清晰一点。**

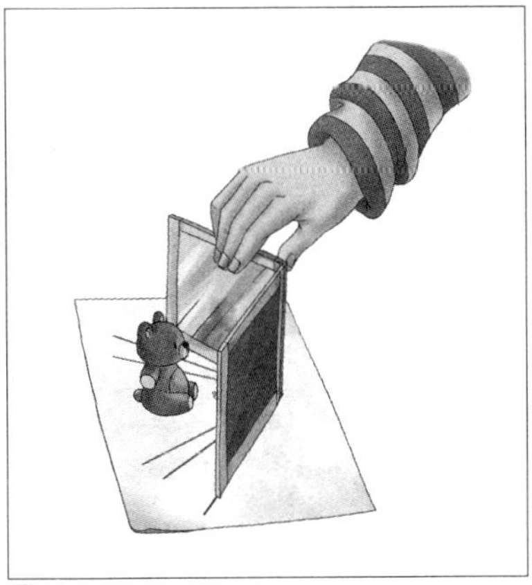

3 **把镜面放在纸板上，在镜面之间放一个小玩具。摆动镜面的角度，使其形成不同的夹角。**

观察结果：在不同的角度，镜面里能看到几个像呢？把结果记录下来。

角度	90°	60°	30°
成像个数			

实验目的：测试光的全反射现象。

53.

53. 奇妙的锥形光束

打开家里的电灯，它们的光线都是向四面八方发散的。我们要想让光束只在部分区域内反射，就要给灯泡加上一个形状固定的灯罩。下面这个实验中，灯泡射出的光束形成了一个圆锥形光区，这是怎么做到的呢，一起来看看吧。

★难度级别 0 1 2 3 4 5

准备好

❶干电池
❷电线
❸开关
❹灯泡
❺灯座
❻圆形塑料板
❼装有水的烧杯
❽胶带

原理揭示

当光在透明的不同介质的界面传播时，会同时发生反射和折射现象。如果光从传播速度慢的介质进入传播速度快的介质中，入射角增大到某一个程度时，就会发生全反射现象，而不再发生折射。实验中，光在空气中的传播要比在水中快。入射角达到了全反射时的角度，全反射现象就发生了。

原理应用

光纤通信就是全反射原理的应用。当载有声音和图像信号的激光从光纤一端输入时，就可以沿着光纤传到遥远的另一端，实现通信。

动手做

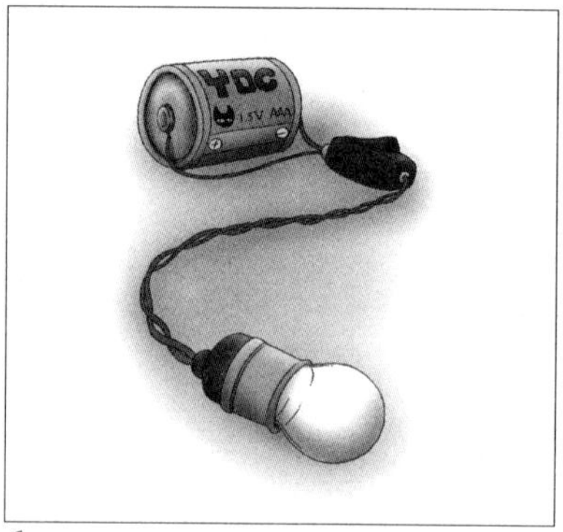

1 把电池、开关、灯泡、灯座连接起来。

2 把灯座固定在圆形塑料板上。在大烧杯里装半杯清水，把灯座沉入杯底。

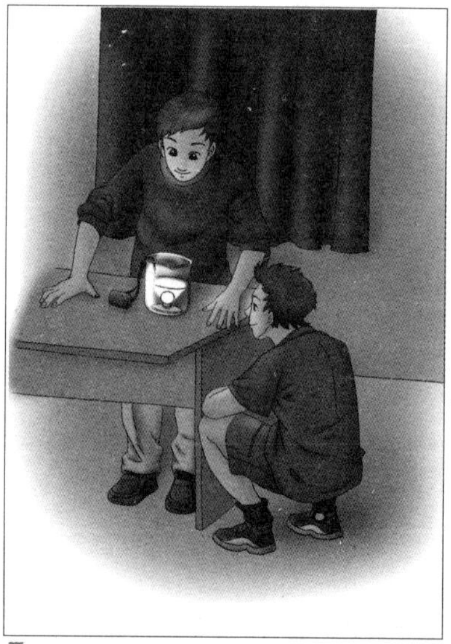

3 拉上窗帘，合上开关，从杯子侧面和水面分别观察水里的光束。

观察结果：从杯子的侧面，你观察到了怎样的现象；从杯子的上面，你又观察到了怎样的现象？记录下实验过程。

从杯子的侧面观察，水中出现了圆锥形光束；从杯子的正上方观察，出现了一个亮圆。

实验目的：学习镜面反射的原理。

54.

54. 自制潜望镜

潜艇的工作人员要观察海面上发生的情况，可以把潜望镜升上去，这样潜艇不必浮出水面，就能随时监控海上的环境。潜望镜为什么可以观看到比自己视平线高的地方呢？完成下面的实验，你就知道其中的科学道理了。

★难度级别 0 1 2 3 4 5

■ 准备好

❶厚纸板
❷镜片
❸胶水
❹剪刀

原理揭示

潜望镜是利用镜面反射原理工作的。当来自前方的光线进入方框内，照在镜子上时，就会反射到下方的镜面上，下方镜面上的光线进入人的眼睛，人就从下方的镜子中看到了在其他高度上和实物等高的像。

原理应用

镜面反射原理除了应用于军用潜艇潜望镜的制造以外，在我们的生活中也能常常见到。比如，有些商场会在前后或是左右两个方向上同时摆放两面试衣镜，这样我们在试衣时，就可以从前面的镜子中看到自己后面的样子了。

■ 动手做

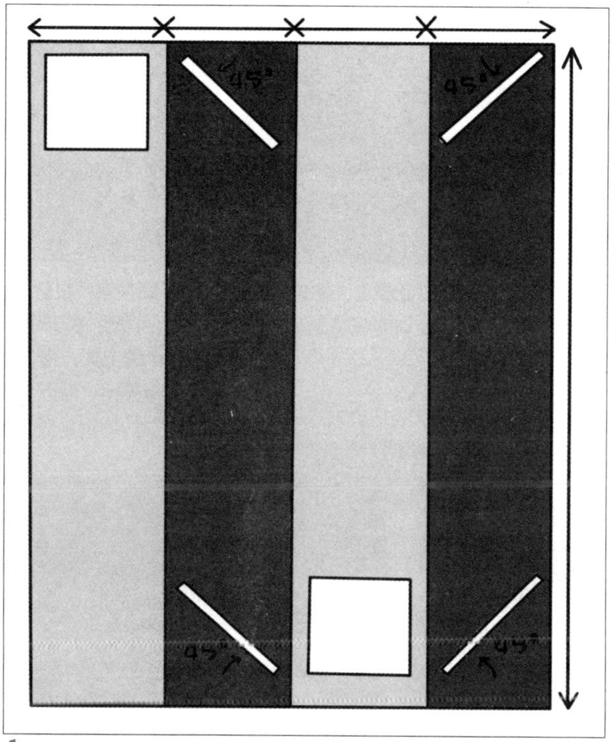

1 如图所示，将厚纸板剪掉细缝和方框，沿着直线折好。

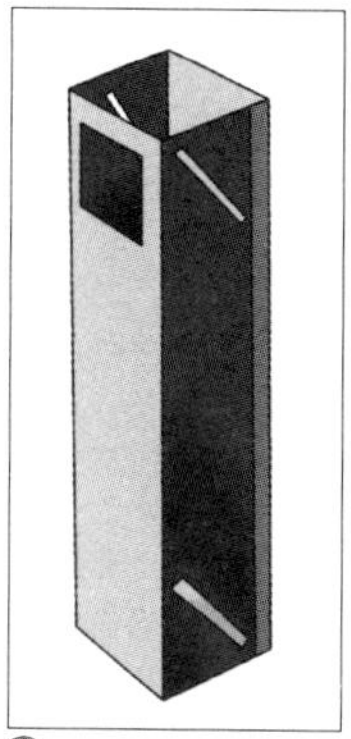

2 用胶水把硬纸板的边缘粘在一起，做成一个长盒子。

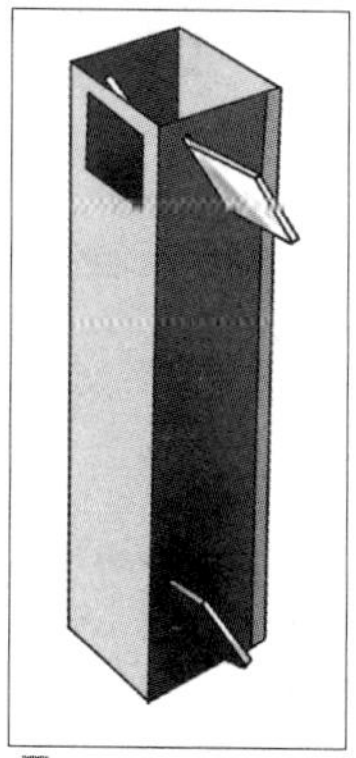

3 把两面镜子插入细缝内卡紧，上方的镜面朝下，下方的镜面朝上。从下方的方框内进行观察。

观察结果：用潜望镜观察到了什么，记录下你看到的事物，画一个光线反射的路线图。

实验目的：检测电视屏幕上发出的磷光，

55.

55. 电视屏幕发出的磷光

电视机能够显示色彩鲜亮的画面，这主要是由于在电视屏幕的背面有一层很薄的磷光涂层。我们可以通过一个简单的实验，可以看到这些磷光发出的光芒，从而了解磷光的作用和电视显示器的工作原理。

★难度级别 0 1 2 3 4 5

■ 准备好

❶电视机
❷手电筒
❸黑色图画纸
❹白色图画纸
❺胶带
❻剪刀

原理揭示

电视屏幕的背面有一层极薄的磷化合物，可以吸收电能，将其转化为光能，并且能在光源消失后继续发光一段时间。因此挥动手电筒后，会在屏幕上留下一条绿色光带。黑纸可以将穿过屏幕的电子全部吸收，白纸则将它们反射回屏幕，因此中央的白纸部分会发出绿光。

原理应用

显示器都要运用磷光来使电能转化为光能，但是不同的磷光剂，输出的色彩也不同，而且磷光剂还会老化。稍微降低显示器的亮度，可以减缓荧光粉老化的速度，延长显示器的使用年限。

■ 动手做

1 把屋子布置成一间暗室，在这间屋子里呆上一段时间，让你的眼睛渐渐适应黑暗。

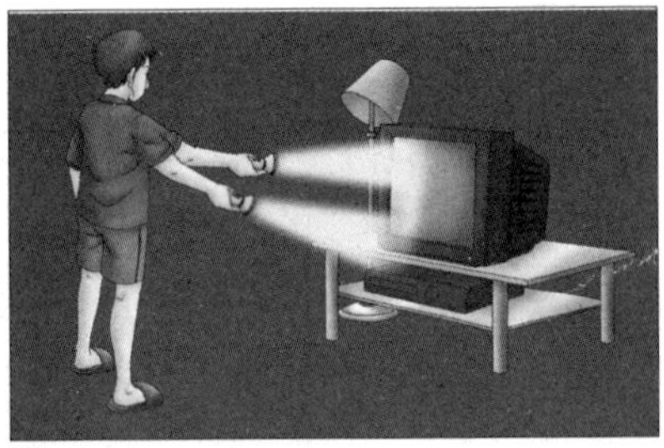

2 站在电视机前方大约1.5米左右。紧紧地闭上眼睛，打开手电筒的开关，把它指向电视机的方向，慢慢地上下挥动。然后把手电筒关闭，睁开眼睛，观察电视屏幕。

3 在正方形黑纸的正中剪下一个小正方形。把一张正方形的白纸用胶带贴在这个位置上，让白纸完全覆盖住正方形缺口。把黑纸贴在电视机屏幕的正中。

4 把灯关上，让你的眼睛适应黑暗。闭上眼睛，然后打开电视，让电视大约工作2分钟。然后关上电视机，睁开眼睛，揭下电视机屏幕上的黑纸，观察。

观察结果：对着电视挥动手电筒后，你观察到了什么现象？当揭开电视屏幕上的黑色图纸后，你又观察到了什么现象？

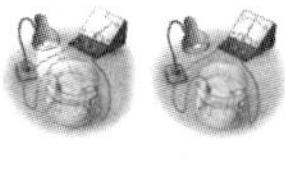

实验目的：通过制作光电池来认识光电效应。

56.

56. 用光做电池

光也能做电池吗？当然可以。光电池能够将光信号转变为电信号，因而我们可以利用光电池使太阳能转化为电能。下面，我们就利用台灯和铜片制作一个简单的光电池，了解一下光电池是怎样发电的。

★难度级别 0 1 2 3 4 5

准备好

❶大口烧杯
❷大小相等的铜片和铝片
❸电流计
❹硝酸
❺硝酸铅溶液
❻可以调光的台灯
❼导线
❽电炉
❾钳子

原理揭示

在光的照射下，物体发射电子的现象叫光电效应。当光照到金属上时，它的能量可以被金属的电子全部吸收。如果电子动能够大，就可以离开金属表面，成为光电子。在实验中，铜片被台灯照射后，电流计的指针发生了偏转，说明确实有电子通过导线。

原理应用

光电池广泛应用在高科技安全系统中。现代航天设备和宇宙探测器中的电能也是由光电池提供的。

动手做

1 用钳子夹住铜片在电炉上加热（注意安全！），直到铜片上覆盖上一层黑色的氧化铜。

2 将冷却后的铜片插入硝酸溶液中。铜片的表面会形成一层红色的氧化亚铜。

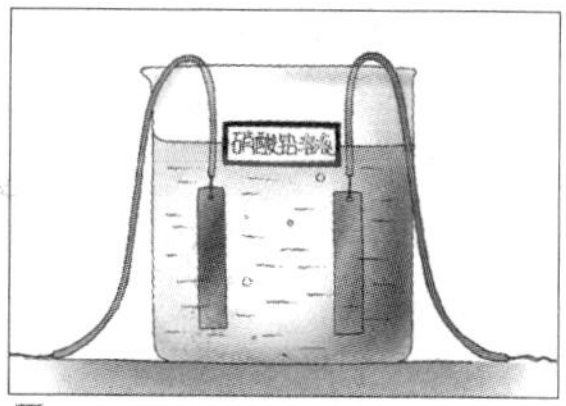

3 用两根导线分别连接铜片和铝片，并把铜片和铝片插入硝酸铅溶液中。

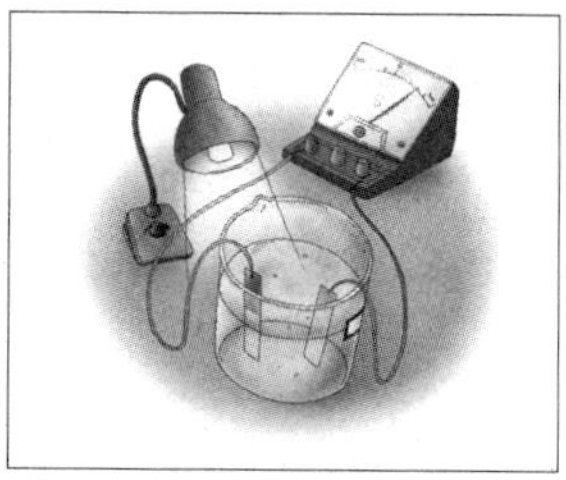

4 把两根导线的另一端分别接在电流计上。打开台灯，将灯光聚焦在烧杯中的铜片上，观察电流计。

观察结果：打开台灯时，电流计有什么变化；关上台灯后，电流计又有什么变化？记录下你的实验结果。

....

....

....

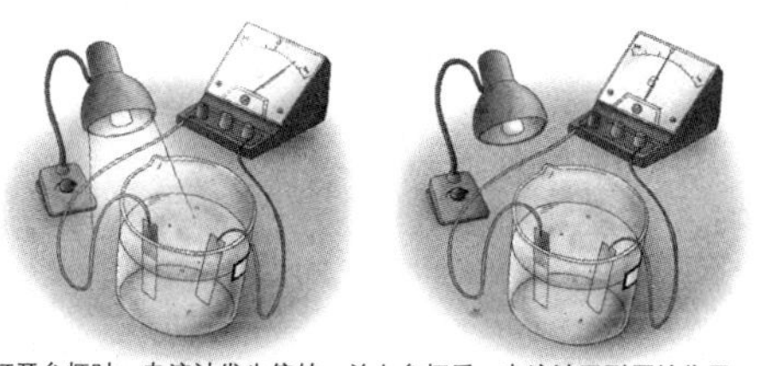

打开台灯时，电流计发生偏转；关上台灯后，电流计回到原始位置。

KIMBLE
USA
90
80
70
60
50
40
30
20
10

Part2 | 第二章 变幻多姿的化学世界

化学是研究物质的组成、结构、性质、变化以及合成、分离规律的基础自然科学。它就像一个点石成金的魔法师，能够随意地使自然界中的物质在不同形态和性质中来回地转化与游走：液体可以变成气体，黑色可以变成白色，坚硬的金属也会变得柔顺而屈服……这些变化就是化学世界中的反应。

化学已经渗透到现代社会生活的各个领域，成为人类社会的中心学科之一。在化学世界里，化学反应可以随时随地发生，它围绕在你的身边，甚至随时作用于你的身体机能——繁多的反应和变化会让你目不暇接，惊讶不已。

进入化学世界，同学们可以通过自己的智慧和双手，亲自感受一番“魔法师”的惊人法力：让乳白的牛奶变成绿色，让旧了的硬币变得光亮如新，为黄色的铜金属穿上绿新衣，在生鸡蛋上雕刻出图案，还可以自己制作可口的冰激凌……

掌握了这些“魔法”后，同学们不仅会惊叹于物质世界中神奇的组合，还会对这门穿梭于物质的一切形态和属性之间的学科产生莫大的钻研兴趣。

实验目的：认识物体不同状态时的内部结构。

01.

01. 自制冰激凌

在炎热的夏天，冰激凌是最受大家欢迎的冷食。其实，你自己也可以制作美味可口的冰激凌。通过下面的方法，你不仅可以品尝到好吃的冰激凌，还可以学到关于物质分子状态方面的知识。赶快来动手做一做吧。

★难度级别 0 1 2 3 4 5

准备好

❶牛奶
❷小塑料袋
❸大塑料袋
❹糖
❺巧克力酱
❻冰
❼盐
❽胶带

原理揭示

实验中，因为牛奶需要很低的温度才能冻结，所以我们需要向冰中加盐。水分子和盐分子聚集时，形成凝固点非常低的盐水，能够持续给牛奶降温，才能使牛奶冻结成冰激凌。

原理应用

了解物质气体、固体、液体的相互转化规律，人们就可以更好地处理一些危险液体。比如携带液体酒精，不但容易挥发，而且很危险。如果将醋酸钠溶于酒精，两种溶液混合时，酒精分子间距离缩小，成为凝胶，就变为较安全固体酒精。

动手做

1 把牛奶倒进小塑料袋中，然后加入糖和巧克力酱，并将塑料袋口封紧。用手挤压塑料袋内的配料，使其混合均匀。

2 向大塑料袋中放两杯冰和四分之一杯盐，将小塑料袋放到大塑料袋里，再在上面加一些冰，将大塑料袋封口。

3 前后上下摇晃封好的大塑料袋25分钟左右。

观察结果：25分钟后，打开塑料袋，冰激凌做好了。你可以享用自己亲手制作的冰激凌了。

实验目的：测试混合溶液物的体积。

02.

02. 液体怎么变少了

我们都知道1＋1＝2。可是在奇妙的化学世界中，有时候这个简单的等式并不成立。比如，将两种液体倒在一起，反而觉得混合后的液体变得比没混合前少了。如果不信的话，就进入下面的实验，看看这是为什么？

★难度级别 0 1 2 3 4 5

准备好

❶2只玻璃杯
❷量杯
❸水
❹酒精
❺笔

原理揭示

实验中，水和酒精混合后的溶液体积要小于等量的水和水混合后溶液的体积。这是因为水分子很小，很容易填充到酒精分子的空隙之间，就像是沙子填充到石头缝中间。水分子和酒精分子紧密地结合在了一起，因此才出现1＋1＜2的现象。

原理应用

利用液体互溶，我们可以将危险性液体放入与之不发生化学反应的其他液体中，进行携带或储存，只到需要时进行分离就可以了。我们平时冲饮的咖啡、果汁等溶液，就是固体分子与液体分子互溶的体现。

动手做

1 向量杯里倒一些水，记住量杯中液面的高度。然后将水倒入一只杯子中。将另一只杯子也用同样的方式倒入等量的水。

2 再用量杯倒出等量的水，倒入第一个杯子。用笔标记出液面的高度。

3 向量杯里倒入与水等量的酒精，然后倒入第二个杯子。标记出水和酒精的混和溶液的液面高度。

观察结果：两个水杯的液面高度一样吗？

实验目的：测试不同液体分子的蒸发速度。

03.

03. 蒸发比赛

液体蒸发是我们再熟悉不过的现象了：洗完手后，即使没有擦干，过一会儿它也会自己变干；小雨过后，院子里的雨水即使没人清扫，也会慢慢消失。你知道这是为什么吗？下面，我们用一个小实验来告诉你其中的道理。

★难度级别 0 1 2 3 4 5

准备好

❶玻璃杯
❷一次性纸杯
❸医用酒精
❹大头针
❺塑料吸管
❻水
❼勺子
❽剪刀
❾纸巾

原理揭示

不同的液体，分子间的吸引力不同。比如，水分子间的吸引力比酒精分子间的吸引力大，所以水分子向外扩散的速度要比酒精分子慢，也就是水要比酒精蒸发得慢。

原理应用

液体蒸发时需要吸收热量，这个原理用于研制冷凝设备。了解不同液体分子间的吸引力大小和蒸发速度后，就可以根据不同的设备要求，选用不同的液体作为制冷剂，通过加速蒸发和延迟蒸发的方法，控制制冷的速度。

动手做

1 在吸管中间的两侧各插一根大头针，把大头针的两端架在两个玻璃杯的边缘，使吸管保持平衡。

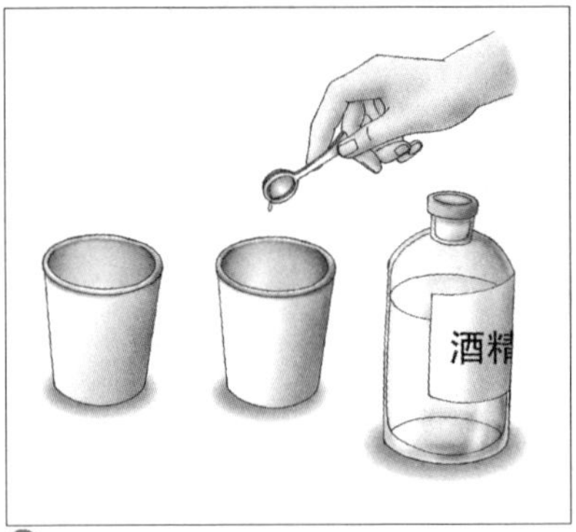

2 在一个纸杯中倒入2勺水，在另一个纸杯中倒入2勺酒精。剪两条长15厘米，宽2.5厘米的纸巾条，分别把放到水和酒精中，一定要使它们全部被浸湿。

3 将两条纸巾从杯子中取出，然后把两条纸巾分别挂在吸管的一端，使吸管平衡。

观察结果：当水和酒精开始蒸发的时候，观察吸管的变化。记录下观察结果。

吸管开始向浸过水的纸条一端下沉，而浸过酒精的纸条一端开始上翘。

实验目的：比较不同材料的吸水性。

04.

04. 浸湿鲨鱼

如果我们不小心将水洒在桌子上，可以用纸巾或者棉布尽快将水擦干净，但是如果使用牛皮纸或塑料，就不能吸去桌面上的水。为什么不同材料之间会存在这种区别呢？下面的实验能帮我们解答这个问题。

★难度级别 0 1 2 3 4 5

■ 准备好

❶纸巾
❷牛皮纸
❸白色纯棉袜
❹蓝色食用色素
❺滴管
❻平底锅
❼剪刀
❽勺子
❾晾衣架
❿胶带
⓫绳子
⓬水

原理揭示

纸巾、纯棉袜都是由细纤维构成的，在毛细作用下，水会顺着纤维爬上去，所以能将水吸到身上。其中，纸巾的吸水性更强。牛皮纸外层涂有一层蜡，难以发生毛细现象，所以不容易被浸湿。

原理应用

绒毛纸浆吸水性较好，可用来生产餐巾纸；纯棉吸汗性能好，多用来生产床上用品和内衣；牛皮纸吸水性差，用来包装物品，能防潮。

■ 动手做

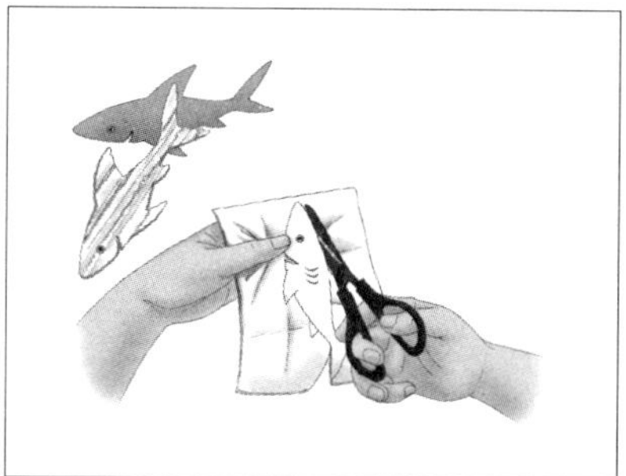

1 在纸巾、牛皮纸和白色纯棉袜上画出鲨鱼的样子，然后剪下，成为三条鲨鱼。

2 在平底锅中装入半锅水，在水中用滴管加入四滴蓝色食用色素，轻轻搅动。

3 用胶带将三条鲨鱼的尾巴距离均匀地粘在晾衣架的横梁上，相邻的鲨鱼之间要保持一定距离。将绳子的一端系在晾衣架的挂钩上，另一端系在高处。平底锅放在鲨鱼下方，使鲨鱼的鼻子正好浸入水中。

观察结果：观察一下，看看什么材料制成的鲨鱼被水浸湿得最快。

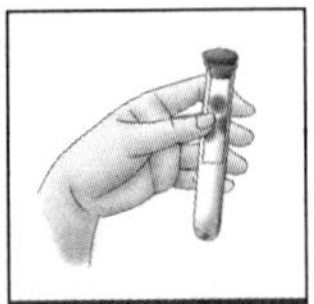

实验目的：测试碘的溶解性。

05.

05. 碘让白纸变色

在白纸上，无论我们怎么用手涂抹，都不会留下任何痕迹。但是，只要使用一些化学药剂，就可以在纸上看到我们留下的手印。究竟什么药剂能够有这样的效果呢？下面的实验中，我们利用碘，就可以在白纸上留下手印。

★难度级别 0 1 2 3 4 5（2）

准备好

❶试管
❷橡胶塞
❸勺子
❹酒精灯
❺剪刀
❻白纸
❼碘
❽火柴

动手做

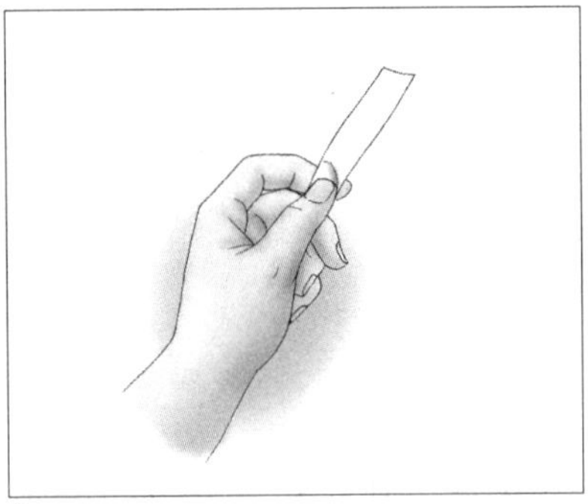

1 取一张干净、光滑的白纸，剪成长约4厘米、宽不超过试管直径的纸条，用手指在纸条上用力摁几个手印。

2 用勺子取1粒碘放入试管中。把纸条悬于试管中，塞上橡胶塞。注意摁有手印的一面不要贴在试管壁上。

3 点燃酒精灯，把装有碘的试管在酒精灯上微热一下，产生碘蒸气后立即停止加热，观察纸条上的指纹印迹。碘蒸气有刺激性气味，注意不要过量吸入。

观察结果：纸条上出现了什么现象。

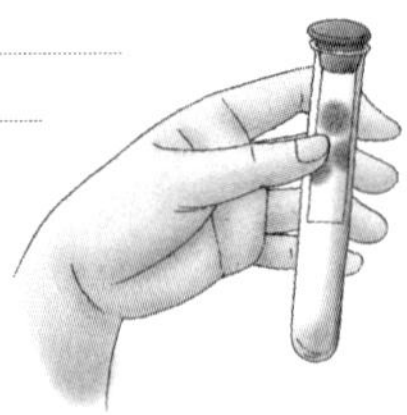

原理揭示

碘溶解于有机物时，颜色会发生变化，遇到油脂会变为棕色。实验中，碘受热由固态升华成气态，成为碘蒸气。纸条上的指印残留有油脂等分泌物，所以我们能看到棕色的指纹印迹。

知道更多

碘的主要功能是合成甲状腺激素，是生命所必需的微量元素。碘缺乏会引发各种疾病，比如先天性畸形、聋哑、智力低下，以及甲状腺肿大等。利用碘的溶解性，人们就可以提炼出纯净的碘，用于预防和治疗这些病症。

实验目的：了解汽水的制作原理，认识碳酸。

06.

06. 自制汽水

夏日里喝一瓶冰凉的汽水，可以解暑降温，令人气爽神怡。如果可以在家里自己制作汽水，那就太好了。其实，这也不难。下面的实验就会教你如何自己制造汽水，一起来做做吧。

★难度级别 0 1 2 3 4 5

准备好

❶汽水瓶
❷冷开水
❸白糖
❹果味香精
❺碳酸氢钠
❻柠檬酸
❼筷子
❽冰箱

原理揭示

实验中，在白糖、香精和水的混合溶液中加入碳酸氢钠后，碳酸氢钠与柠檬酸反应，生成氯化钠和碳酸。碳酸极不稳定，随时可能生成二氧化碳和水，出现大量气泡。

知道更多

二氧化碳从体内排出时，可带走一些热量，因此喝汽水能解热。但是，喝冰镇汽水时，汽水的温度越低，从体内排出的二氧化碳越多，肠胃的温度就越低。大量饮用冰镇汽水，会对肠胃产生强烈的刺激，引起胃痉挛、腹痛，甚至诱发肠胃炎。

动手做

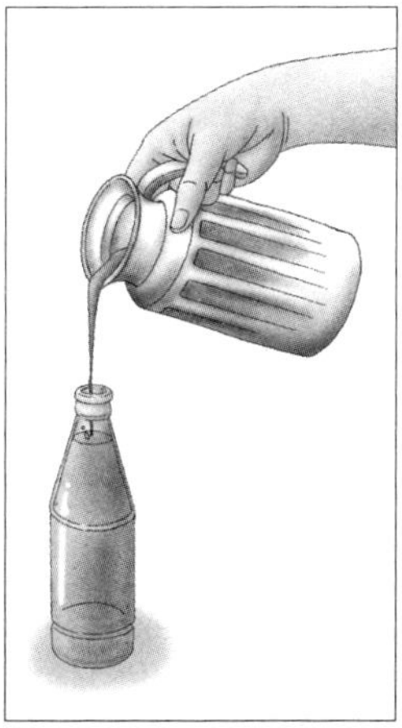

1 **将汽水瓶洗刷干净，在瓶中加入冷开水，直至水到达瓶颈。**

2 **在汽水瓶中加入白糖和果味香精，搅拌均匀。**

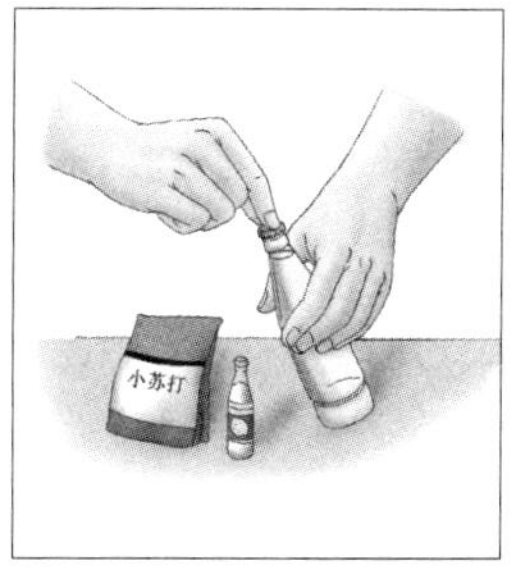

3 **在瓶中加入2克碳酸氢钠，溶解后迅速加入2克柠檬酸，盖紧瓶盖。**

4 **将瓶子放入冰箱内降温。**

观察结果：汽水降温后，打开瓶盖，观察是否有气泡产生。

实验目的：测试不同的水的硬度。

07.

07. 水有多硬

在日常生活中，水大概是我们所能接触到的东西中最柔软的了，那么为什么还要问“水有多硬”呢？水的硬度又是怎么区分的呢？从下面的实验中，我们就可以看到硬水和软水的区别。

★难度级别 0 1 2 3 4 5

准备好

❶有盖的小罐
❷洗涤剂
❸滴管
❹蒸馏水
❺自来水
❻盐
❼量杯

原理揭示

水的硬度根据水里矿物质的含量而定，不同的水硬度的级别不同。蒸馏水去除了大量矿物质，硬度很低，只需一滴洗涤剂就会起泡沫。自来水来自地下，含有少量金属钙盐和镁盐，因此需要多加滴剂，才能看到泡沫。

原理应用

因为高硬度的水对生活和生产都有危害，我们可以根据需要对硬水进行软化处理，给很多工业部门，如纺织、印染、造纸、化工等提供适用的软水。硬水软化的方法通常有药剂软化法和离子交换法等。

动手做

1 用量杯量出等量的洗涤剂和蒸馏水，然后将它们混合起来，作为滴剂。

2 在第一个小罐子中装半罐自来水；在第二个罐子中装半罐蒸馏水。

3 用滴管在第一个罐子中加一滴调好的滴剂，盖上盖子晃动，观察是否有泡沫出现。如果没有，再加一滴然后晃动，直到有泡沫出现。第二个罐子重复这个过程。

观察结果：第一个罐中加几次滴剂出现泡沫？第二个罐子呢？记录下加入的滴数，进行比较。

蒸馏水中只需1滴滴剂，就能起泡沫；自来水中需要3～4滴才可以。

实验目的：了解氧气是燃烧的必要条件。

08.

08.蜡烛为什么熄灭了

燃烧是一种普通的现象。只要有可燃烧的燃料、氧气和热量，就可以达到燃烧所需的条件。反过来说，如果需要灭火，那么只要把其中一个条件去掉就可以了。下面我们就来实验一下，怎样去掉“氧气”，令火熄灭。

★难度级别 0 1 2 3 4 5

准备好

❶蜡烛
❷有盖的瓶子
❸漏斗
❹长塑料管
❺小苏打和醋
❻橡皮泥
❼玻璃盘
❽勺子

原理揭示

小苏打和醋混合时会发生化学反应，生成二氧化碳。产生的二氧化碳足量时，就会从塑料管中流出来。二氧化碳的密度比氧气大，可以把氧气从火焰周围推开，所以当我们把管口靠近火焰时，火焰就熄灭了。

原理应用

掌握燃烧所需的条件，就知道了如何灭火。灭火最有效的方法就是使用二氧化碳，切断氧气的供给，这也是干冰灭火器的工作原理。如果火势不大，还可以在火焰处盖上浸湿的织物，用来切断氧气扑灭火焰。

动手做

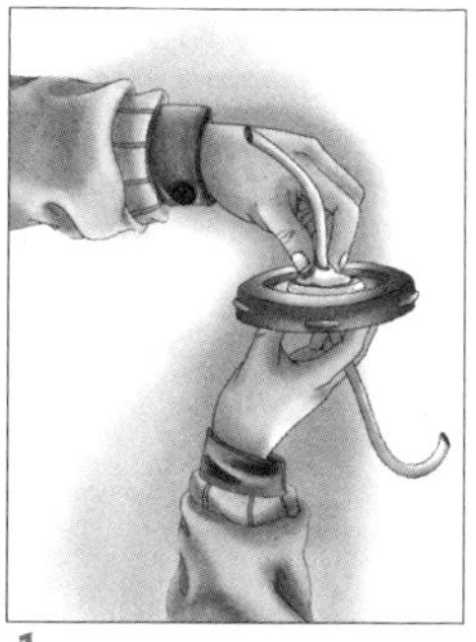

1 在瓶盖上扎一个洞，把塑料管从洞里穿过去，并用橡皮泥把洞的边缘封上。把蜡烛放在盘子中，点燃蜡烛。

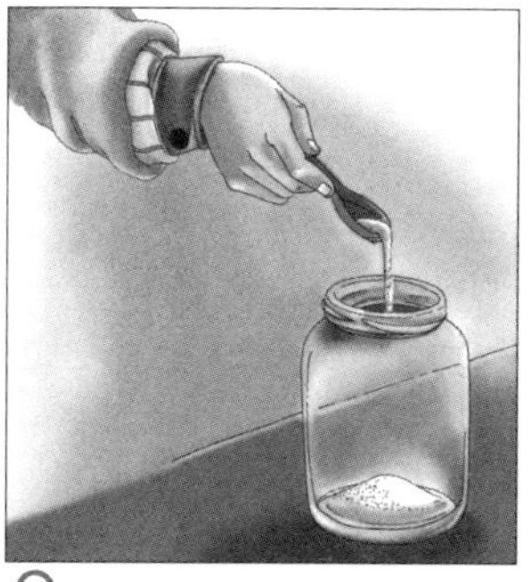

2 把大约4勺小苏打放进瓶子中，然后再往里面加2勺醋，迅速盖上盖子。

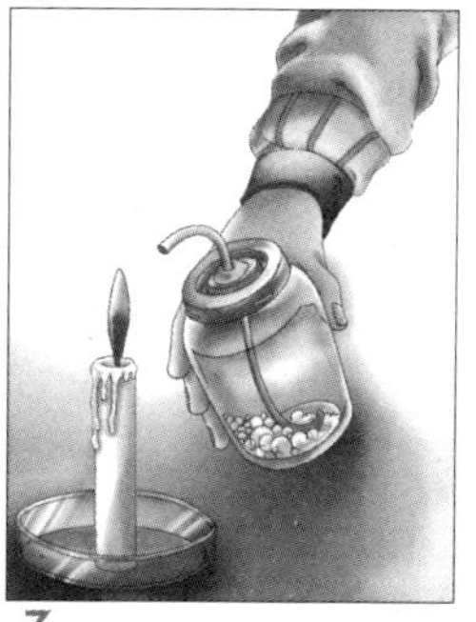

3 把塑料管的管口对准蜡烛的火焰。

观察一下发生的现象，看看蜡烛多长时间后能熄灭。

实验目的：测试食物中的化学成分。

09.

09. 食物中的淀粉和脂肪

食物是由化学成分构成的，食物中的化学成分有脂肪、淀粉、碳水化合物、蛋白质、纤维、维生素、矿物质和水等几大类。那么，究竟哪些食物中包含有这些化学成分呢，就让我们通过下面的实验来检测一下吧。

★难度级别 0 1 2 3 4 5

准备好

❶酒精
❷量杯
❸擦菜板
❹过滤器
❺玻璃棒
❻纸巾
❼碘酒
❽马铃薯
❾饼干
❿水

原理揭示

碘酒和淀粉反应会产生一种蓝色化合物。脂肪溶于酒精，但不溶于水。马铃薯溶液与碘酒混合后变蓝，说明马铃薯中有淀粉。在磨碎的饼干中加入酒精，饼干溶解在里面，再加入水时，酒精溶解在水里，饼干溶液出现浑浊，证明饼干中含有脂肪。

知道更多

根据我们对食物中化学元素的了解，可以有针对性的选择食物，这样，可以保证人体内的化学元素均衡，才能维持身体健康。

动手做

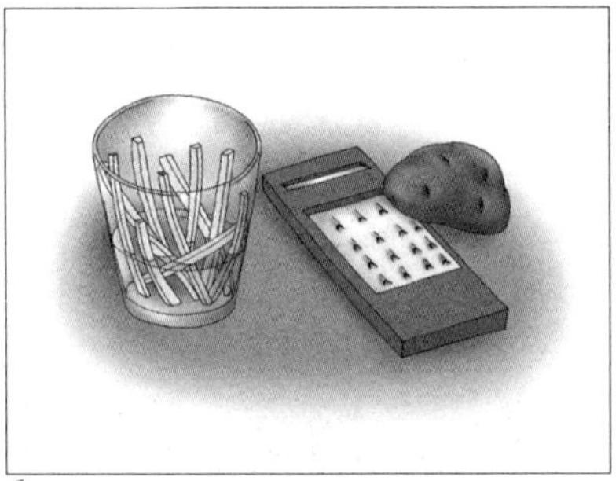

1 将马铃薯用擦菜板擦成碎条，在杯子中放四分之一的水，把马铃薯条放在杯子里。

2 把液体过滤到量杯里，向量杯里滴几滴碘酒，观察现象。

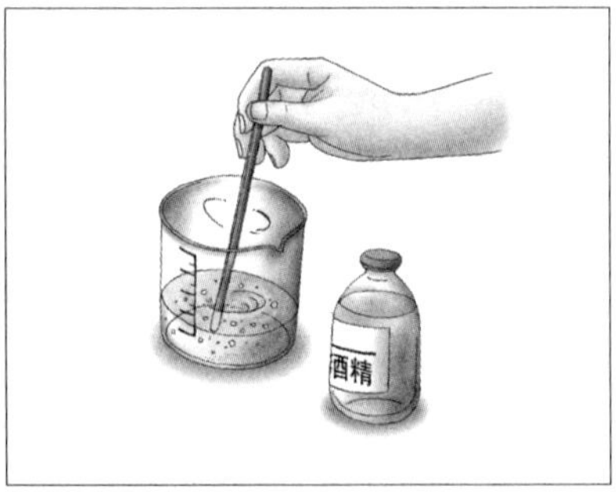

3 把饼干弄碎，放在另一个量杯里，然后加入四分之一杯酒精 ，用玻璃棒搅拌均匀。

4 在过滤器内放一张纸巾，把混合的溶液过滤到干净的量杯中。然后加入四分之一量杯的水，搅动，观察现象。

观察结果：盛马铃薯溶液的量杯里滴入碘酒后，出现了什么现象；在饼干和酒精混合溶液里搅动，出现了什么现象？

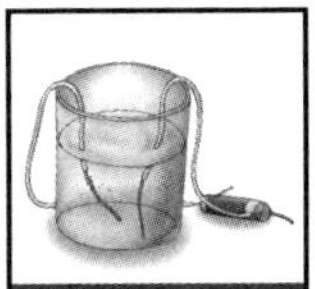

实验目的：测试盐的化学成分。

10.

10. 食盐是由什么组成的

食盐是烹调中的重要调料，绝大多数菜肴都离不了食盐这味调料。身体中缺少了盐，人会变得没有力气。那么食盐到底是由什么元素组成的，对人体又有什么好处呢？就让我们通过实验来寻找答案吧。

★难度级别 0 1 2 3 4 5

准备好

❶水杯
❷食盐
❸勺子
❹绝缘铜线
❺6伏的电池
❻剪刀
❼温水

原理揭示

电流通过铜线进入水中，将盐分解成有银色光泽的金属钠和黄色的氯气。在分解食盐的过程中，钠与水结合，生成氢气，于是铜线周围聚集着气泡。氯分子与铜形成氯化铜后又氧化成绿色的氧化铜。由此可见，盐中的化学成分是氯和纳。

知道更多

盐是维持人体正常发育不可缺少的物质，它能调节人体内的水分分布，促使消化液分泌，增进食欲，同时还能维持人体内酸碱度的平衡和体液的正常循环。

动手做

1 将温水注满杯子的四分之三，然后加入3勺食盐，搅拌至食盐完全溶解。

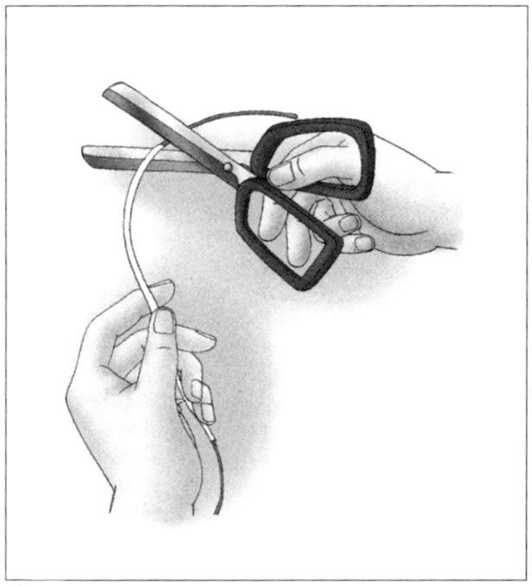

2 用剪子将铜线两端大约10厘米的绝缘皮去掉。

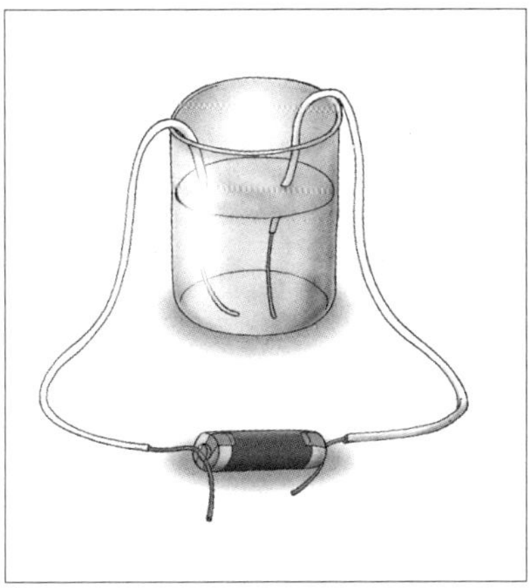

3 将铜线的一端连在电池的正极上，另一端插入溶液里。将另一根铜线的一端连在电池的负极上，另一端也插入溶液里。

观察结果：电路接通后，溶液中出现什么状况？记录下你的观察结果。

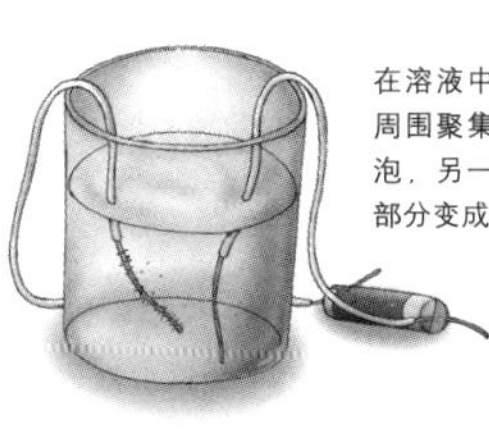

在溶液中，一根铜线的周围聚集了无数个小气泡，另一根铜线的裸露部分变成了绿色。

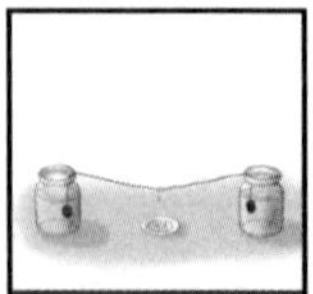

实验目的：了解钟乳石的形成。

11.

11. 钟乳石的形成

钟乳石多在含丰富碳酸钙的山水附近出现。山水中的二氧化碳过多逸出，地表的水分蒸发，使部分碳酸钙重新沉淀，形成了钟乳石。在下面的实验中，我们就用常见的发酵粉来简单模拟一下钟乳石的形成过程。

★难度级别 0 1 2 3 4 5

准备好

❶广口瓶
❷小苏打（碳酸钙）
❸热水
❹棉线
❺碟子
❻螺母

原理揭示

棉线由纤维构成，可以吸附溶液，在毛细作用下，碳酸钙溶液会逐渐被吸入棉线中，并沿着棉线的两端向棉线中部汇集到一处，再慢慢滴下。同时，随着溶液中水分的蒸发，碳酸钙溶液变成固体，堆积在棉线和盘子上。这种固体就是实验中形成的“钟乳石”。

知道更多

碳酸钙主要有三种类型：轻质碳酸钙、重质碳酸钙和活性碳酸钙。其中，重质碳酸钙的生产原料是方解石、石灰石等，通过粉磨加工即可制成，生产工艺简单，应用最为广泛。

动手做

1 在两个广口瓶中装入热水，在水中加入尽量多的小苏打，直到小苏打不能再溶解为止。

2 两个瓶子相距30厘米左右，在它们之间放一个碟子。

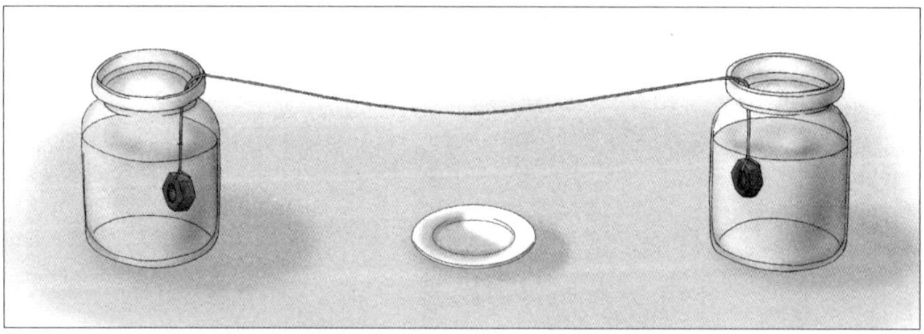

3 把棉线两端分别浸入两个瓶子中，并用螺母将棉线两端挂住，以免棉线从瓶中滑落出来。然后让棉线的中部微微下垂，下垂的位置在碟子的上方。

观察结果：经过几天后，观察棉线下出现了什么现象？

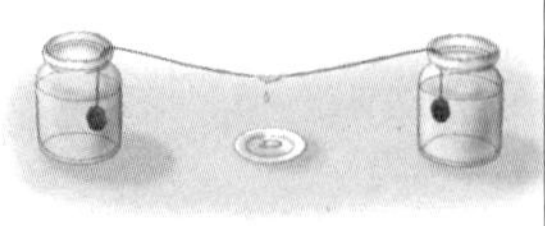

在棉线上形成了“钟乳石”，但这只是模拟实验，自然界中钟乳石的形成要经历更复杂的过程和更久远的时间。

实验目的：了解晶体的形成过程。

12.

12. 晶体花园

现在，人造水晶越来越受到人们的喜爱，水晶工艺品几乎随处可见。这些水晶制品工艺细致、玲珑剔透，让人赞叹。你想知道这些晶体是怎么形成的吗？在今天的实验中，我们就自己动手来建造一座晶体花园吧。

★难度级别 0 1 2 3 4 5

■准备好

❶木炭
❷装满水的喷壶
❸塑料盘子
❹无碘盐
❺氨水
❻蓝色漂白剂
❼广口瓶
❽勺子
❾玻璃棒

原理揭示

木炭是多孔性结构，容易产生毛细现象。在毛细作用下，木炭会吸收液体。当木炭小孔中的水分蒸发以后，固体就会在木炭的表面沉淀出来，形成晶体。越来越多的溶液被吸收以后，在原有的晶体上又会形成新的晶体，晶体就慢慢变多了。

原理应用

利用结晶原理，我们可以制造出许多人造晶体，应用于激光技术、电子技术、生物医学及家用电器等方面。人造晶体金刚钻，可以应用在钻探石油的钻头上。

■动手做

1 **把木炭敲成小块，但不要磨成粉末。然后在木炭上喷水，直到木炭湿透为止。把木炭放进盘子里，铺成平坦的一层。**

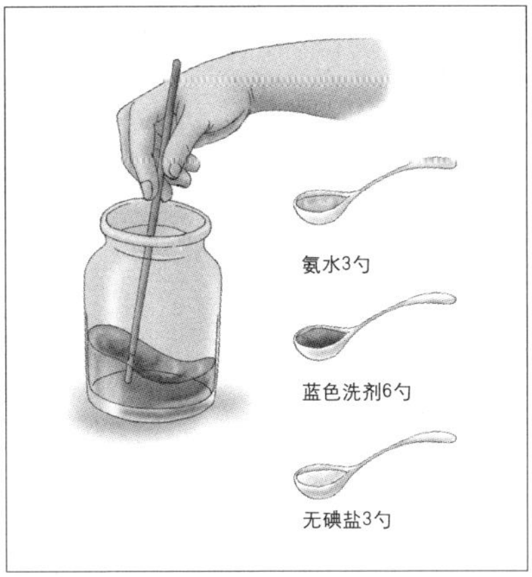

2 **在广口瓶里放入3勺氨水、6勺蓝色漂白剂和3勺无碘盐，均匀混合，用玻璃棒搅拌直至完全溶解。**

3 **把配成的溶液倒在木炭上，再撒上2勺盐。过1～2天后，再将氨水、漂白剂、无碘盐各取2勺配成溶液，倒在盘子的底部。**

观察结果：几天后，观察盘子出现了什么现象？

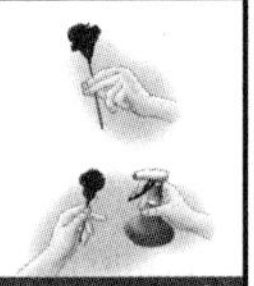

实验目的：了解二氯化钴的变色原因。

13.

13. 会变色的插花

会变色的手表、戒指、茶杯，现在都已经屡见不鲜了，变色是因为这些物品表面涂上了一层涂料，这种涂料可以随着周围温度、湿度等环境因素的改变而变色。今天我们就来认识一种这样的涂料，用它来做一朵变色花。

★难度级别 0 1 2 3 4 5

准备好

❶二氯化钴
❷白色滤纸
❸喷壶
❹水
❺电吹风
❻铁丝
❼杯子

原理揭示

二氯化钴所含的结晶水不同时，呈现的颜色不同。温度逐步升高时，它会渐渐失去结晶水。二氯化钴含6个结晶水时，呈粉红色；含2个结晶水时，呈紫色；含1个结晶水时，呈蓝紫色；完全失去结晶水时，呈蓝色。所以，滤纸在溶液中为粉红色，吹干后为蓝色；喷水后又变成了紫色。

原理应用

由于二氯化钴在不同温度和湿度下可呈现不同的颜色，因此可广泛用于陶瓷、玻璃、电镀等行业，充当着色剂。

动手做

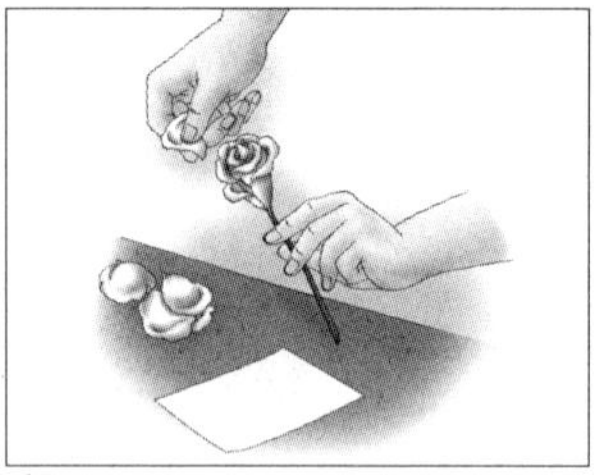

1 **把白色的滤纸剪出若干个玫瑰花瓣的形状，用铁丝扎成一朵纸花。**

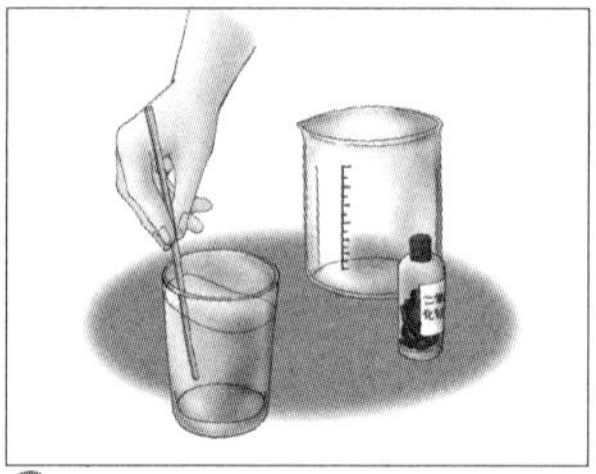

2 **在杯子里倒500毫升水和100克二氯化钴，搅拌，使其溶解成溶液。**

3 **把纸花在二氯化钴溶液中浸泡5分钟，滤纸花瓣变成了粉红色。**

4 **用电吹风把滤纸吹干，观察颜色；将清水均匀喷在花瓣上，再观察花瓣颜色。**

观察结果：滤纸吹干后，玫瑰花变成了什么颜色；在喷上水后，玫瑰花又是什么颜色呢？记录下你的观察结果。

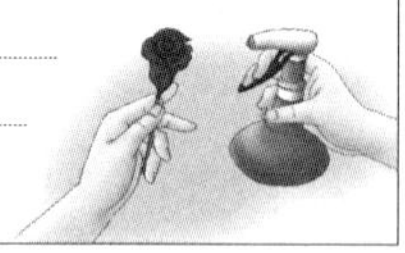

实验目的：了解橡胶的化学性质。

14.

14. 做一个橡胶球

橡胶是一种具有高弹性的材料。天然橡胶是直接从植物中获取的，而合成橡胶泛指通过化学合成，制得的橡胶。生活中我们常见的各种皮球和弹性小球几乎都是用合成橡胶制成的。下面我们就用合成橡胶制作个橡胶球。

★难度级别 0 1 2 3 4 5

准备好

❶含有聚乙酸乙烯酯（PVA）的白色胶
❷碗
❸食用色素
❹硼砂
❺水
❻勺子

原理揭示

PVA白胶分子缠绕在一起，呈现出胶状。加入硼砂后，PVA分子连接在一起形成链，胶也变得更黏稠，逐渐变为固体。但是，PVA链并不坚固，我们揉搓它时，这些链环就处于不断破坏又再形成的状态中。橡胶小球的分子一直来回滑动，我们摸上去就会感觉球体具有弹性。

原理应用

橡胶常常用来制成密封材料，充当电子器件的保护层。这种密封层可以承受巨大的压力，替物体抵挡高温环境，并且还很耐腐蚀。

动手做

1 将四分之一杯PVA白胶倒入碗中，加几滴食用色素搅拌成溶液。

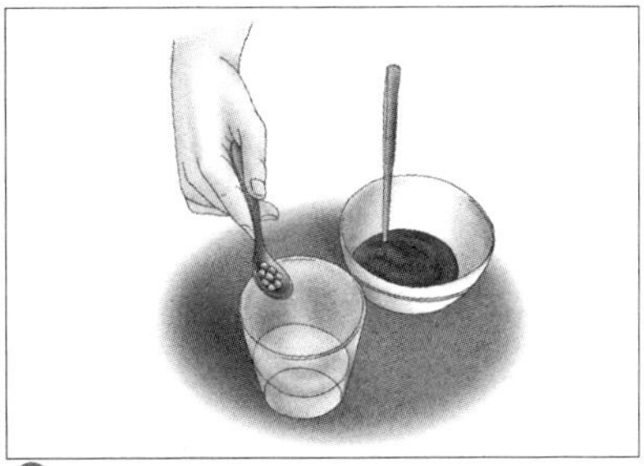

2 用1勺硼砂倒入四分之一杯水中制成溶液，倒入碗中，搅拌几分钟。

3 当碗中混合物逐渐形成凝胶的时候，将它拿出来轻轻揉搓，将过剩的水分挤压出去。

观察结果：一段时间后，胶球会变干燥。试试它的弹性如何。

15. 密封的橡胶

实验目的：测试橡胶的密封性。

15.

生活中，你可能会有这样的发现：自行车车胎扎上钉子后，并不会马上将气漏尽，几天后，车胎才会完全变瘪。这是因为车胎是由密封性良好的橡胶制成的。在下面的实验中，我们就为大家演示一下橡胶这种神奇的特性。

★难度级别 0 1 2 3 4 5

■ 准备好

❶长钉子
❷气球
❸水
❹蔬菜油
❺小杯子

原理揭示

橡胶分子可以不断和它自身相连，形成一条长链。这些分子链交错缠绕，使橡胶产生很好的密封性。当钉子将某个分子链扯断时，其他地方的橡胶弹力就会挤压钉子的周围，使它重新密封起来，水不会立刻漏出来。当橡胶断开的分子链越来越多时，水开始渗漏。

原理应用

利用橡胶良好的密封性，可以制成橡胶密封圈，应用在排气管道、排水管道上。自行车、汽车的轮胎也是橡胶制成的，尤其是汽车轮胎，封闭性较好，可以长时间不需要充气，即使轮胎被扎到，也不会立刻漏气。

■ 动手做

1 **在气球中灌上充足的水，但不要使气球胀大变形。**

2 **在一个小杯子中滴几滴蔬菜油，将钉子尖的部分在蔬菜油中蘸一下。**

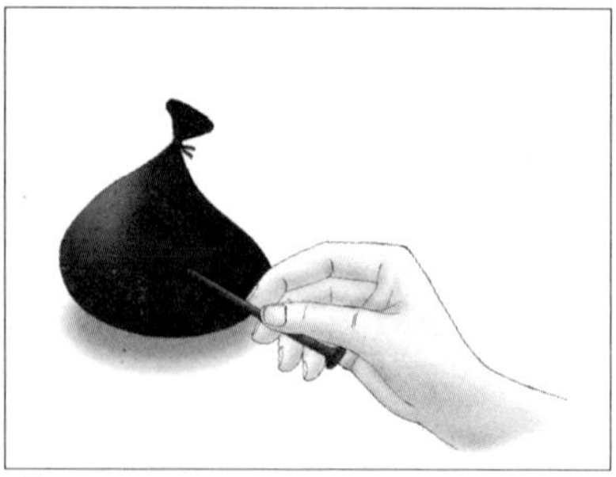

3 **慢慢地将长钉子旋转着推进气球中，直到钉子长度的一半在气球里。试着将更多的钉子推进气球中。**

观察结果：钉子扎进气球里以后，气球中的水有什么变化呢？将实验结果记录下来。

气球上插了三根长钉子，水也没有从气球中漏出来。钉子越来越多的时候，气球中的水开始渗漏。

实验目的：测试高吸水性聚合物的性质。

16.

16. 尿布中的科学

婴儿的纸尿裤不仅柔软舒适，而且吸水性强。你知道纸尿裤的制作使用了什么材料，为什么能够吸收这么多水分吗？下面的实验，我们就一起来解开纸尿裤的吸水之谜，了解一下它吸收水分的原因吧。

★难度级别 0 1 2 3 4 5

准备好

❶新的婴儿纸尿裤
❷剪刀
❸可密封的塑料袋
❹报纸
❺塑料杯
❻量杯
❼盐
❽勺子
❾温水

原理揭示

纸尿裤中的粉末是聚合物质，它可以吸收比其本身质量多几百倍的水量。当聚合物遇到水后，它的分子链上的氢原子的正电就会“抓紧”水分子中带负电的氧原子，水就无法渗漏出去。盐可以使聚合物释放水分子，所以加入盐后，杯里又出现了部分水。

原理应用

高吸水性聚合物可以制成吸水剂。吸水剂在周围水分过多时吸收水分，当周围缺水时，可以将所吸收的水缓缓释出，因此也称保水剂。

动手做

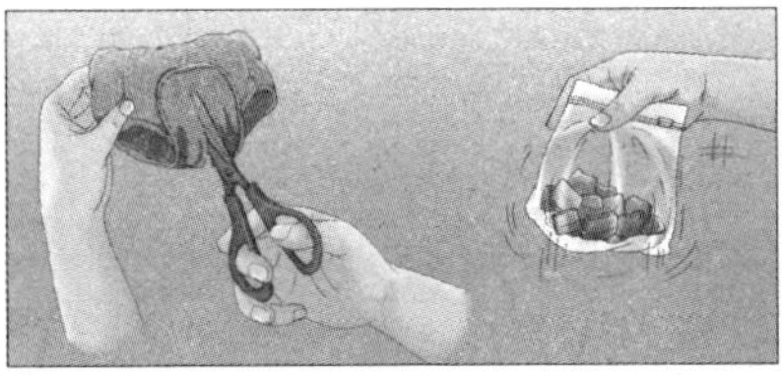

1 将纸尿裤剪裁成小块，放到密封塑料袋里。摇晃塑料袋，使尿布中的白色粉末倒出来。

2 把密封塑料袋中的粉末倒在平铺的报纸上，用勺子向塑料杯里加半勺粉末。

3 向杯子里加300毫升温水，搅拌，观察现象。然后向塑料杯里加半勺盐，再观察现象。

观察结果：在粉末中加入温水，出现了什么现象？往杯里加入盐后，又出现了什么现象？

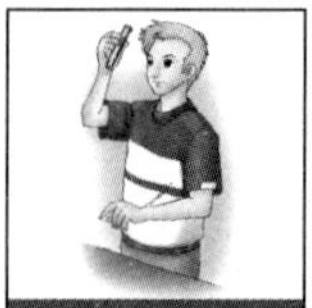

实验目的：认识自来水中的杂质和它的净化方式。

17.

17. 净化自来水

从水龙头中流出的水看起来很清澈，但经过长时间静置，还是可以看到水的底层有沉淀物出现，这些都是水中的有害杂质。这些杂质究竟是什么，要怎样才能将它们去除干净呢？做完下面的实验，你就明白了。

★难度级别 0 1 2 3 4 5

准备好

❶明矾
❷自来水
❸纯净水
❹干净的试管
❺试管夹
❻玻璃杯
❼酒精灯

原理揭示

明矾加入自来水中，可以和水中的杂质生成氢氧化铝。氢氧化铝的吸附能力很强，可以吸附水里悬浮的杂质、形成沉淀，澄清水的上层。实验中，经过简单净化的自来水蒸发后，试管壁上残留的物质就是水中的其他杂质。

原理应用

我们平时用的水都是在自来水厂中净化过的。自来水厂一般分为沉淀、过滤、消毒、净化几大工序来净化浊水。此外，游泳馆中的水也是需要经常净化的，最常用的方法就是在水中加漂白剂。

动手做

1 用一块明矾在自来水中搅动几下，拿出。将水静置15分钟，产生沉淀后，将上层液体倒入干净的试管中。

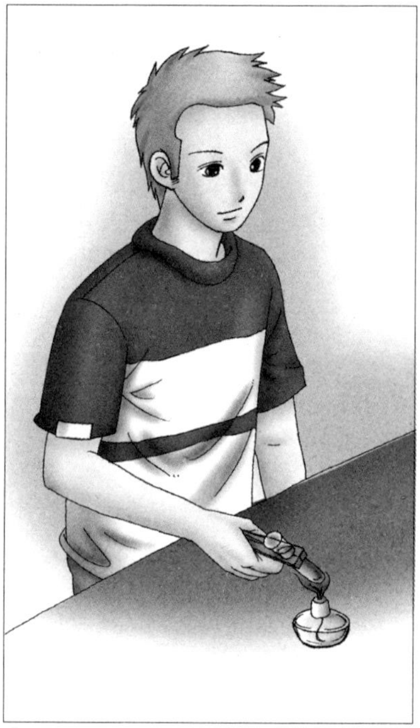

2 用试管夹夹住试管，倾斜45°，点燃酒精灯，将试管加热，直到水沸腾。

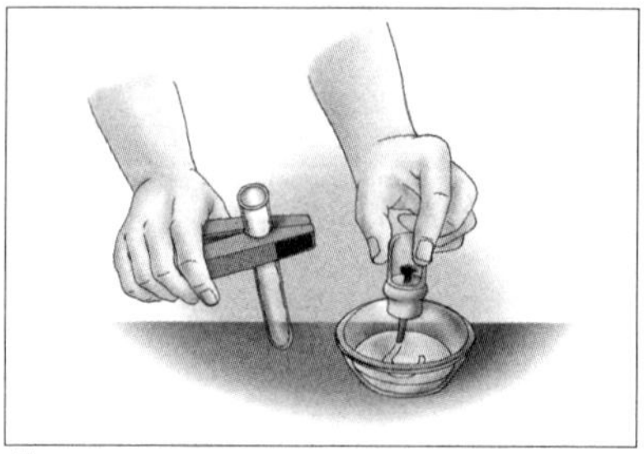

3 将试管内的水完全蒸发后，立即熄灭酒精灯。让试管自然冷却，然后观察试管壁上的痕迹。

观察结果：在试管壁上，你观察到了什么现象？

实验目的：了解食用色素。

18.

18. 你能给油染上颜色吗

你留意过食品中的颜色吗？不要忘了，我们吃的食品也是有颜色的呀。这些颜色当然不是油彩和水彩，那么又是什么呢？什么颜色是可以吃的呢？在下面的实验中，我们将用可以吃的颜色给食用油染色，一起来做做看吧。

★难度级别 0 1 2 3 4 5（3）

准备好

❶食用油
❷红色食用色素
❸一次性纸杯
❹鸡蛋
❺勺子
❻面粉

原理揭示

由于油和水无法结合在一起，所以用水质食用色素给油染色是不容易的，必须在油和色素的混合物中加入某种可以使水油相融的物质。在实验中，蛋黄充当了乳化剂的角色，将油分解成较小的微粒，使油分子易与水分子混合，变成红色。

原理应用

食用色素是食品添加剂的一种，专门用来为食品染色，让它们看上去更加诱人。我们现在吃的大部分零食中都含有食用色素，比如糖果、果冻和饮料等。此外，酒类产品的颜色调配也会用到食用色素。

动手做

1 将1勺油倒入杯中，加入1滴红色食用色素。观察食用油是否变色。

2 将1勺油倒入另一个纸杯，加入四分之一勺面粉，充分搅拌。然后再加入1滴色素。观察食用油是否变色。

3 将1勺油倒入第三个纸杯，加3～4滴蛋黄到油中，搅拌，然后滴入1滴色素，再观察现象。

观察结果：在三个杯子中，哪一个杯子的食用油被染上红色呢？记录下你的实验结果。

三个杯子中，只有添加了蛋黄的食用油变成了红色。

实验目的：提取胡萝卜中的色素，了解色素的作用。

19.

19. 分离胡萝卜中的色素

果蔬中的天然色素不但可以使水果和蔬菜的色彩变得鲜明，还可以帮助植物获取阳光，保护植物避免被炽热的阳光暴晒。在下面的实验中，我们就以胡萝卜为例，借助简单的材料，将β－胡萝卜素从胡萝卜中分离出来。

★难度级别 0 1 2 3 4 5

准备好

❶胡萝卜
❷擦菜板
❸纸杯
❹无色矿物油
❺过滤器
❻勺子
❼棉纸

原理揭示

很多植物的色素能够溶于脂肪和油，胡萝卜中的β－胡萝卜素就是其中一种。所以在实验中，在胡萝卜碎屑中加入矿物油后，β－胡萝卜素溶解于矿物油，被分离出来，混合溶液就变成了黄色。

原理应用

从果蔬中提取的天然色素，用以食品的生产和加工，可以替代人工食用色素，减少化学成分对人体的伤害，因此颇受人们欢迎。最新研发的彩色米就是以天然方式将蔬果色素添加到米粒上，不仅让米粒多了亮丽外表，也增加了保健成分。

动手做

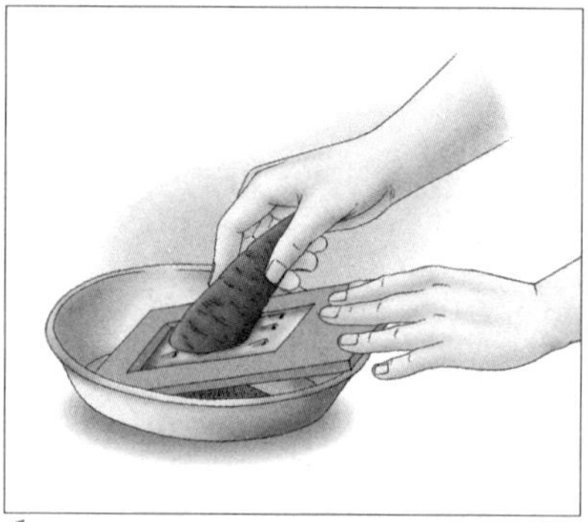

1 将胡萝卜在擦菜板上擦成碎屑。

2 取一半磨碎的胡萝卜放在纸杯里，加2勺矿物油，搅拌混合。

3 取另一只杯子，将过滤器放在杯口，在过滤器上铺上棉纸。把胡萝卜和矿物油的混合溶液倒入过滤器中。观察杯子中的溶液。

观察结果：仔细观察，杯子中的溶液是什么颜色？

实验目的：学习用液相色谱法来分离颜色。

20.

20. 分离花的颜色

有的花种颜色单一，有的花种开出的花由几种颜色组成。但是，任何花种都不是由单一色素构成的，有的花虽然看上去颜色单纯，其实也是由很多种色素组成的。下面，我们就进行一个小小的实验，把花的颜色分离出来。

★难度级别 0 1 2 3 4 5

准备好

❶鲜艳的红花
❷醋
❸勺子
❹剪刀
❺玻璃杯
❻纸巾
❼夹子

原理揭示

红颜色的花，其中包含的色素并不只有红色，而是有很多种。当花和醋的混合溶液浸入纸巾时，有的色素容易渗透纸巾，有的色素不容易渗透。在纸巾条上，就会呈现出不同的颜色。这种方法就是液相色谱法。

知道更多

在所有分离和分析物质成分的色谱技术中，液相色谱法发明最早，但直到20世纪60年代，才得到人们的重视，开始发挥重要的作用。液相色谱法可以用来分析食品中的营养、添加剂，还可以用来分析环境中的污染物。

动手做

1 把花瓣用手撕成碎块，放入玻璃杯中，加入1勺醋，用勺将花瓣捣碎。

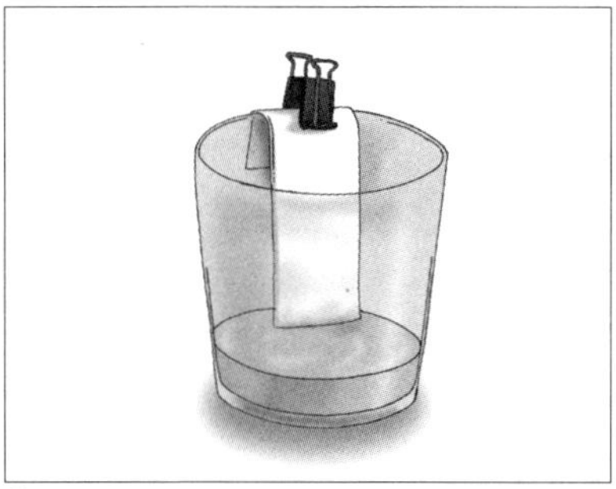

2 剪下一条5厘米宽的纸巾，用醋浸湿后，将一端浸入花瓣和醋的混合溶液中，另一端用夹子夹到玻璃杯沿上。将纸巾垂直，下端正好接触到混合溶液。

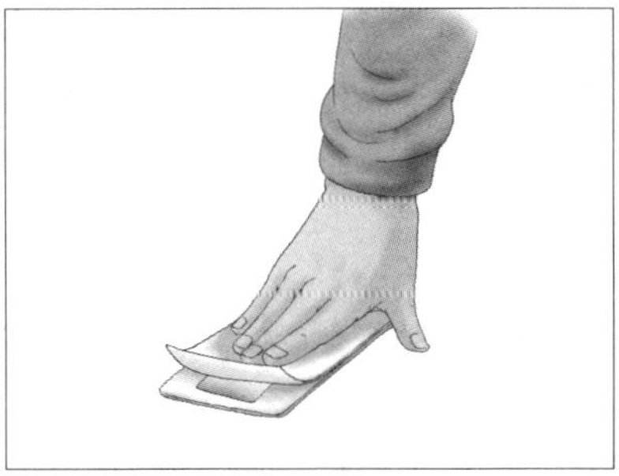

3 五分钟后将纸巾取出。用两张干净的纸巾夹住纸巾条，吸去上面的醋。

观察结果：仔细观察纸巾条，看看会出现什么现象？

纸巾条上出现了一条由红色向橙色、黄色、浅黄色渐变的色带。

实验目的：了解蛋白酶的分解作用。

21.

21. 是什么“消化”了果冻

果冻是一种胶状食品，弹性好，易保存，在常温下通常不会融化或是变质。那么，什么样的物质能够吸收或是消化这种胶状食品呢？做过下面的实验，你就会找到答案了。

★难度级别 0 1 2 3 4 5（3）

准备好

❶含蛋白明胶的果冻粉
❷盘子
❸量杯
❹纯净水
❺一片菠萝
❻含酶的洗涤剂
❼不含酶的洗涤剂

原理揭示

用于制作果冻的果冻剂是蛋白明胶，它在煮沸、冷却后会凝固。试验中，菠萝和含酶的洗涤剂中都含有蛋白酶，它能够分解蛋白质，使明胶不再凝固。因此，果冻就被它们“消化”了。

原理应用

脏衣服中的汗渍、血渍及肉汁、牛奶等都是蛋白质类的污渍，只要加入蛋白酶，就可以将这些污渍分解掉了。另外，菠萝蛋白酶能够分解纤维蛋白和血凝块，可以提炼出具有消炎、免疫调节和抗癌作用的药剂。

动手做

1 在量杯中加入100毫升烧开的纯净水，再放入50克果冻粉，搅拌到溶解为止。

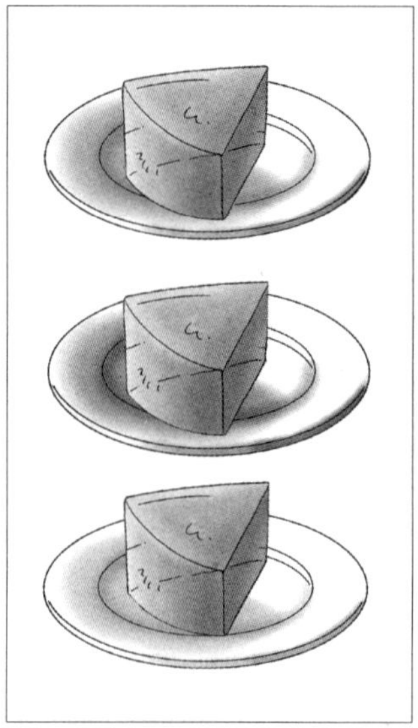

2 等溶液冷却成为胶状后，把果冻切成三份，分别放到三个盘子中。

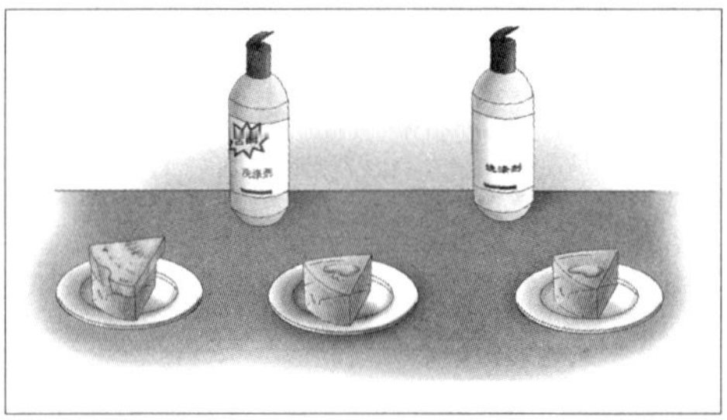

3 在第一盘果冻上放入一片菠萝；第二盘果冻中加1～2滴含酶的洗涤剂；第三盘果冻中加入1～2滴不含酶的洗涤剂。

观察结果：3个小时后，用手搅动果冻，看看哪盘果冻化了？

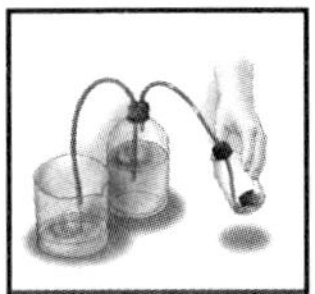

实验目的：认识水与碳酸物发生的置换反应。

36.

22. 无处不在的化学反应

化学反应不仅存在于实验室，在我们的日常生活中也是无处不在。我们生病时，吃药利用的是化学反应；建筑物上的金属生锈或变色，也是化学反应的表现。今天我们就来了解一下单质与化合物之间的化学反应——置换反应。

★难度级别 0 1 2 3 4 5

准备好

❶带盖的大、小玻璃瓶
❷塑料管
❸橡皮泥
❹塑料瓶盖
❺滴管
❻量杯
❼碳酸药片
❽锥子

原理揭示

药片的成分主要是碳酸氢钠和柠檬酸，与水混合时，会发生置换反应，生成二氧化碳气体。二氧化碳气体膨胀，充满小瓶后，沿着连接两个玻璃瓶的塑料管，进入大瓶。大瓶内的压力增高，将瓶中的水推向连接量杯和大瓶的塑料管中，水就流进了量杯。

原理应用

置换反应是化工行业中广泛应用的一种工艺，利用这一原理，我们可以分解复杂的化合物，从中提炼出需要的物质和一些稀缺元素。

动手做

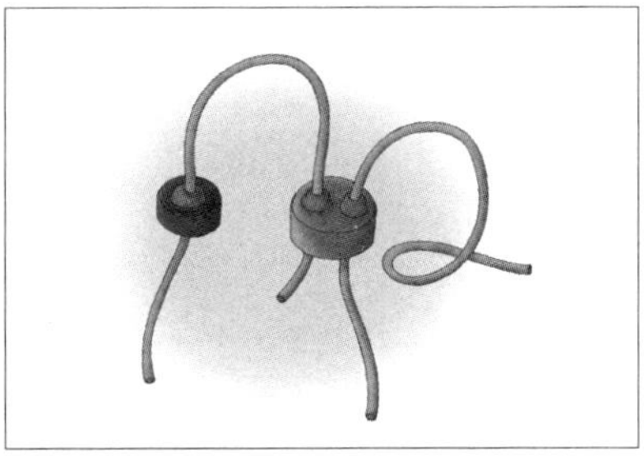

1 在小瓶的盖上穿一个孔，在大瓶的盖上穿两个孔。将塑料管连接在小瓶盖和大瓶盖之间，将另一根塑料管插入大瓶盖的另一个孔中。用橡皮泥将孔封住。

2 在塑料瓶盖的底部粘一块橡皮泥，把塑料瓶盖放在小瓶内，粘在瓶底。把碳酸药片放在塑料瓶盖的旁边。

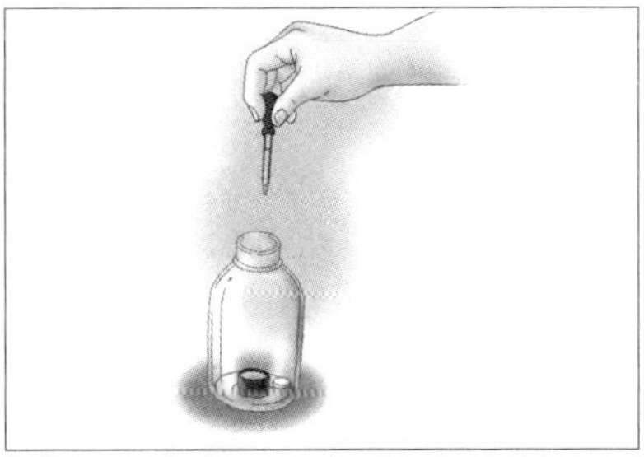

3 用滴管往塑料瓶盖里注满水。不要让水溅在药片上。盖上玻璃瓶盖。

4 在大瓶中加入三分之二的水，拧紧瓶盖。将大瓶中的水用嘴吸出，然后把塑料管放在量杯中，使水流到量杯里。

观察结果：将小瓶倾斜，使塑料瓶盖中的水洒到药片上，观察现象，记录结果。

小瓶中出现的白色气泡顺着塑料管进入大瓶，不久后大瓶中的水开始流进量杯。

23. 铜的保护膜

实验目的：了解铜的氧化过程。

23.

在潮湿并且有化学物质存在的地方放置铜制的器皿，时间久了，器皿表面就会出现蓝色或绿色的膜。这就代表铜已经被氧化了。在今天的实验中，我们借助一些化学物质来加速铜的氧化，演示铜的氧化过程。

★难度级别 0 1 2 3 4 5

■ 准备好

❶铜杯子
❷碳酸铜溶液
❸铜器清洗剂
❹家用氨水
❺喷雾器
❻塑料桶
❼刷子
❽纸巾

原理揭示

当氨水与碳酸铜溶液混合物在空气中变干时，会与空气和水发生化学反应，生成绿色的化合物。自然状态下生成的这层物质实际上是硫酸铜、氯化铜和氧化铜的铜盐混合物。每种铜盐形成大小不同的晶体，就是铜杯表面出现的各种蓝、绿色带。

原理应用

铜绿膜可以保护铜或黄铜，避免受到环境中腐蚀性物质的侵蚀。比如美国的自由女神像，雕像表面就有一层厚厚的铜绿，用来阻挡空气中污染物对它的侵蚀。

■ 动手做

1 用纸巾在铜杯子的内、外表面涂上一层薄薄的铜器清洗剂。清洗剂晾干后，用纸巾将清洗剂擦掉。

2 用塑料桶将一杯家用氨水与四分之一杯碳酸铜溶液混合在一起。注意找一个通风的地方，不要吸入二者发生化学反应时产生的气体。

3 用刷子蘸上混合后的溶液，涂在铜杯子的外表面。杯子晾干后再涂，如此重复5～6次。当最后一层溶液晾干后，在外表面喷一层水雾。

观察结果：喷过水后的铜杯出现了什么现象？记录下你的实验结果。

铜杯表面出现了一层粉状的蓝绿色。蓝色小点出现在喷水的位置，绿色小点出现在溶液浓缩的位置。

实验目的：认识感光乳胶对油墨的影响。

24.

24. 自己复印报纸

如果在报纸上看到了喜欢的文章或图片，想要收藏起来，除了剪报和借助复印机复印以外，你还能想出别的方法吗？其实，只要借助一些简单的物质，你就可以将喜欢的图文自己“复印”出来。下面就让我们来试试吧。

★难度级别 0 1 2 3 4 5

准备好

❶清水
❷松节油
❸洗涤剂
❹海绵
❺白纸
❻勺子
❼烧杯

原理揭示

松节油和洗涤剂混合后，产生了一种感光乳胶。它能够浸入到干燥的油墨和油脂中，将其重新液化，于是图片就能印到白纸上了。但是，这种方法只能用来复印报纸上的黑白图片，杂志上的彩色图片含有过多油彩，松节油和洗涤剂是很难将其液化的。

知道更多

运用高新技术研制的新一代感光乳胶是当前普遍使用的感光材料。除了用于精密仪器的制作以外，我们常常见到那些仿真的世界名画也是感光乳胶的杰作。

动手做

1 取2勺清水、1勺松节油、1勺洗涤剂混合在一起，搅拌配置成溶液。

2 用海绵蘸着混合后的溶液，轻轻涂在想要保留的图片上。

3 将白纸覆盖在图片上，然后用小勺的背面用力碾压白纸。

观察结果：揭下白纸，看看白纸发生了什么变化。

白纸上已经清晰地“复印”上了图片。

实验目的：认识相纸中的感光剂。

25.

25. 不用照相机也能拍照

照片能将我们的记忆永远保留起来，即使时间过去再久，照片上的图片都不会消失。照片为什么能保存这么长的时间呢？其实这都是相纸的功劳。下面的实验，会告诉你怎样只用相纸"拍照"。

★难度级别 0 1 2 3 4 5

准备好

❶相纸
❷台灯
❸剪刀
❹黑纸
❺曲别针
❻纽扣
❼梳子
❽羽毛
❾花
❿笔

原理揭示

相纸的基本结构有两层，一个是能够感光并表现明暗的感光层，另一个是用来负载影像的基底，我们称之为纸基。相纸在全黑环境下，把感光乳剂均匀涂在白色纸基上。如果遇到光线，即拍照的实物时，卤化银会使相纸产生明暗交替的图案，就形成了照片。

原理应用

感光乳剂应用广泛，相纸中就涂有感光乳剂。此外，利用感光材料制成的感光板还是复印机的基础核心部件。

动手做

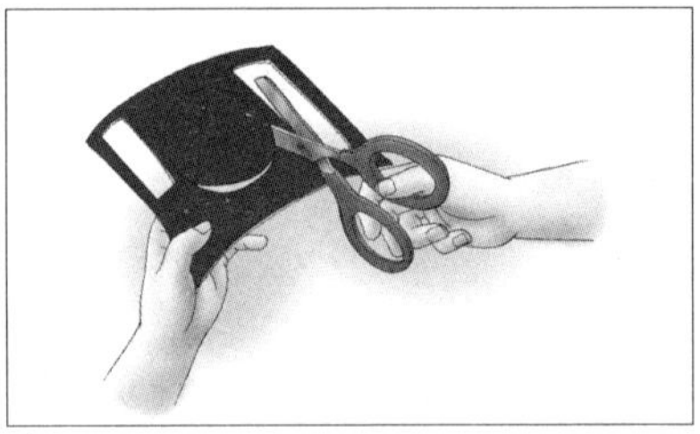

1 在黑纸上画一些图形，把图形剪下来，使纸上有许多镂空图形。注意不要把黑纸剪破。

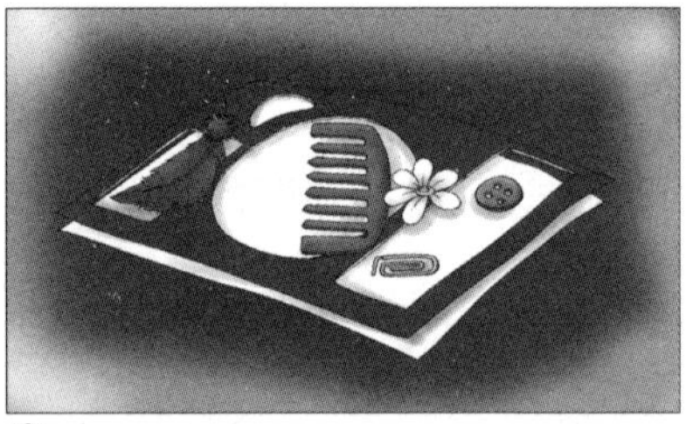

2 在黑暗的地方取出相纸，迅速把黑纸和曲别针、纽扣、梳子、羽毛、花等物品放到相纸上。

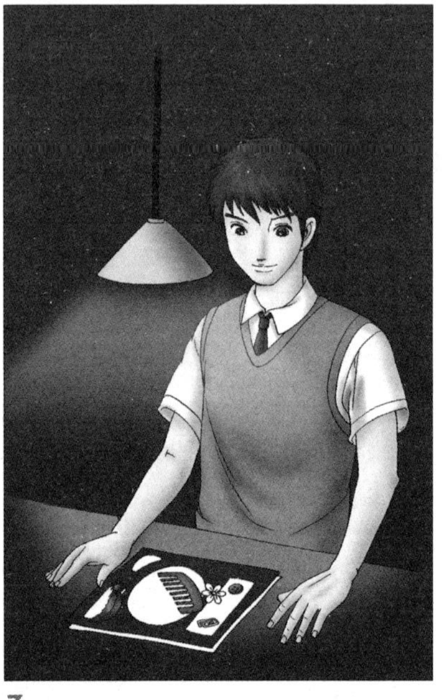

3 将台灯打开，在相纸上方照射5分钟，然后关上灯，拿开全部物品，观察相纸。

观察结果：观察相纸，相纸上出现了什么现象。

实验目的：认识电石反应。

26.

26. 点燃冰块

玻璃棒能点燃冰块？这是笑话吧？不，在化学的世界里，不用火柴和打火机，只要用玻璃棒轻轻一点，冰块确实可以立刻燃烧起来，而且很长时间都不会熄灭。如果你有兴趣，不妨和我们一起来做个实验看看。

★难度级别 0 1 2 3 4 5

准备好

❶小碟
❷高锰酸钾
❸浓硫酸
❹玻璃棒
❺电石
❻冰块
❼勺

原理揭示

电石与水发生反应时能够生成易燃的电石气。浓硫酸和高锰酸钾都是强氧化剂，可以将电石气氧化，使其立刻达到燃点，发生燃烧现象。另外，水和电石的反应是放热反应，电石气的燃烧也会释放热量，所以冰块会迅速融化，导致电石反应加速，火也就越来越旺。

知道更多

电石与铜等金属接触，能生成高度敏感的爆炸性物质，因此储存时要使用干粉、干石粉、干黄砂等将其封存，严禁使用水和泡沫储存，以防止爆炸。

动手做

1 在小碟里倒上1～2粒高锰酸钾，用勺将它轻轻研磨成粉末。

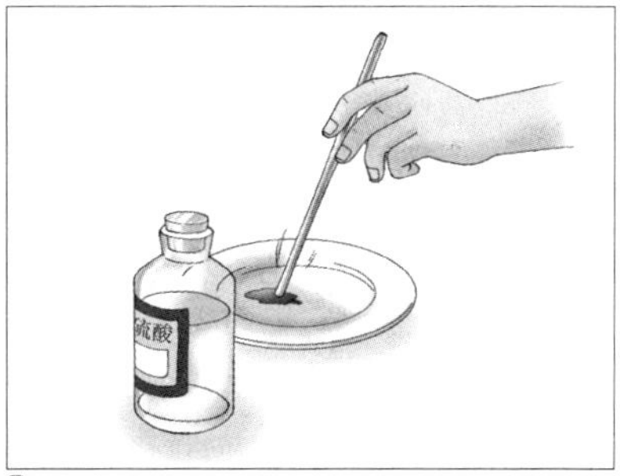

2 在高锰酸钾粉末上滴几滴浓硫酸，用玻璃棒搅拌均匀。浓硫酸有很强的腐蚀性，使用时要注意安全。

3 将一小块电石在冰块上放好。

4 将玻璃棒蘸上高锰酸钾和浓硫酸的混合溶液，轻轻与冰块接触。

观察结果：在玻璃棒接触冰块的瞬间，发生了什么现象？

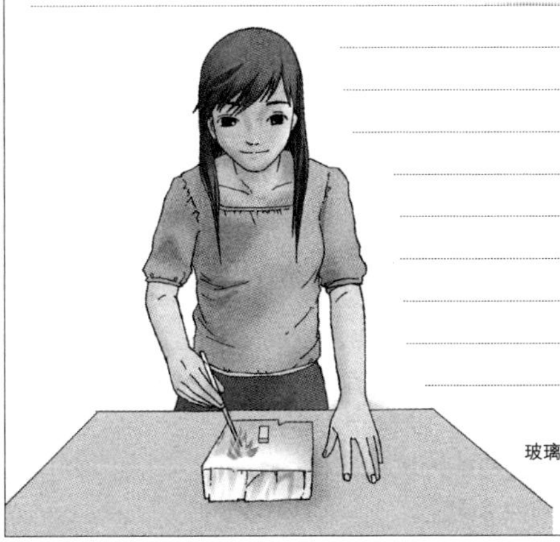

玻璃棒点燃了冰块。

27. 柠檬防腐剂

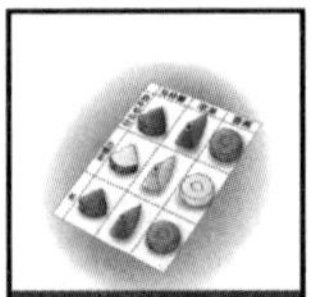

实验目的：通过测试柠檬的防腐作用，认识抗氧化剂。

27.

人们常常在食品中加入一种添加剂，抑制细菌和真菌的生长，使食品能够长时间保鲜，这种添加剂就是防腐剂。其实，除了化学防腐以外，一些水果也是可以防腐的。在今天的实验中，我们就来测试一下柠檬的防腐效果。

★难度级别 0 1 2 3 4 5

准备好

❶纸巾
❷白纸
❸柠檬
❹马铃薯
❺苹果
❻香蕉
❼水果刀

原理揭示

水果切开表皮后，果肉中的酶与空气中的氧气发生氧化反应，加之空气中还有很多微生物，就会导致水果变色。柠檬汁是酸性物质，能够杀死微生物，阻隔水果与空气的接触，柠檬汁中的维生素C，还可以延缓氧化反应。因此，被柠檬汁覆盖的水果没有变颜色。

原理应用

现在，防腐剂早已不仅仅用于食品的加工生产了。在很多行业中，都需要用到防腐剂，比如化妆品防腐剂、涂料防腐剂、工业防腐剂、日化防腐剂以及胶黏剂防腐剂等。

动手做

1 分别切3块一样大小的马铃薯、苹果和香蕉。

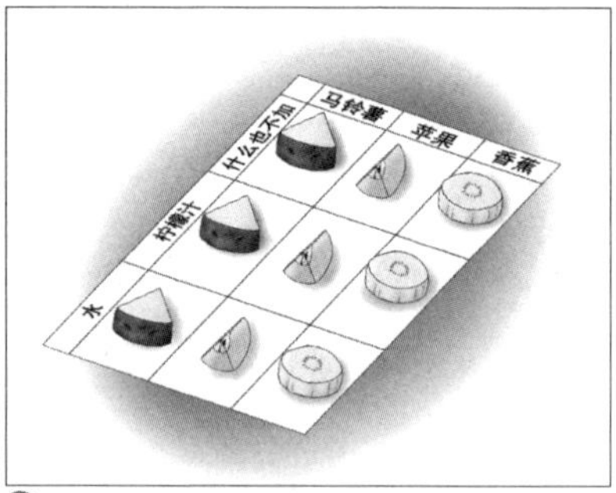

2 将白纸铺在操作台上，划分为9格的井字格。横向标上“香蕉”、“苹果”、“马铃薯”。纵向标上“什么也不加”、“柠檬汁”和“水”。将水果放在对应栏中。

3 第一行的3种水果不做任何处理。将几滴柠檬汁分别滴在第二行的3种水果上，使水果表面全部被柠檬汁覆盖。将几滴水滴在第三行的3种水果上。

观察结果：1个小时后，观察每块水果，将结果填在下面的表中。

“什么也不加”的水果和加“水”的水果都变成褐色，加柠檬汁的水果颜色没有变。

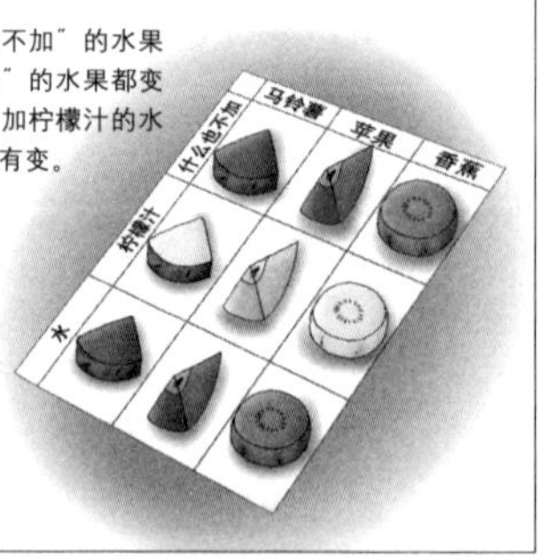

实验目的：了解维生素C的还原性。

28.

28. 检测维生素C

维生素C对人体健康有很大好处，但在服用时也有一些禁忌，比如不宜同时食用含维生素B_2的食物。你知道这是为什么吗？我们又怎么判断哪些食物中含有维生素呢？今天，我们就来学习一下检测维生素C的方法。

★难度级别 0 1 2 3 4 5

准备好

❶玉米淀粉
❷水
❸碘片
❹三种药片（其中一种含维生素C，其他不含）
❺搅拌器
❻勺子
❼玻璃杯
❽瓷碗

动手做

1 在一个瓷碗中放半勺玉米淀粉，再倒进一杯水。加热并搅拌淀粉和水的混合物，直至淀粉完全溶解在水中。

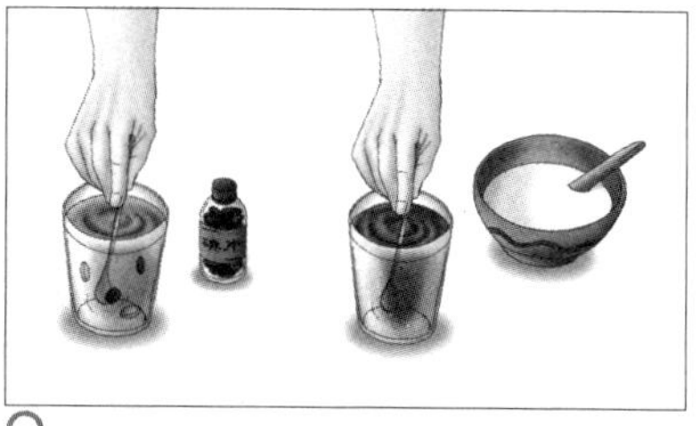

2 取一个杯子，加入一杯水，放入4片碘片，搅拌溶解。然后在杯子里加2勺淀粉溶液，搅拌使其成为蓝黑色，作为测试液体。

3 将三种药片分别放进杯子里，加水使其溶解。然后将第一种药片的溶液滴入测试液中，观察结果。接着将第二、第三种药片的溶液也滴到测试液体中，观察结果。

观察结果：三种药片的溶液分别滴入测试液中，出现了什么现象？

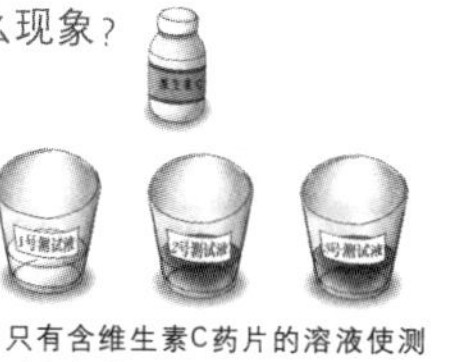

只有含维生素C药片的溶液使测试液变成原来的颜色。

原理揭示

淀粉遇碘分子变成蓝色，遇到碘离子却不会变成蓝色。维生素C具有很强的还原性，能将碘分子还原成碘离子。试验中，淀粉溶液加入碘后变成了蓝色，但加入含有维生素C药片的溶液后，碘被还原成碘离子，淀粉溶液褪去蓝色，变回了原来的颜色。

原理应用

了解维生素C的还原性，就可以避免同时服用含有这两种元素的药物，使它们互相冲突，造成对身体的伤害。

实验目的：验证过氧化氢酶的催化作用，认识双氧水。

29.

29. 双氧水为什么“跑”得快

双氧水的学名是过氧化氢，是一种常用的消毒水，很容易被分解。如果瓶盖没有拧紧，过不了多久，你就会发现瓶子里的双氧水少了很多。想知道双氧水为什么挥发得这么快吗？来看看下面的实验吧。

★难度级别 0 1 2 3 4 5

准备好

❶单孔塞的试管
❷0.1%的过氧化氢溶液
❸镊子
❹大口烧杯
❺用过氧化氢酶浸过的圆形滤纸
❻水

原理揭示

过氧化氢是生物在体内发生化学反应时的产物，有毒性。但是过氧化氢酶可以迅速促使过氧化氢分解，变成无毒的水和氧气，这就是双氧水挥发的过程。在实验中，试管中的过氧化氢分解为氧气和水，所以有气泡产生。在氧气的推动下，滤纸浮上水面。

原理应用

过氧化氢的氧化能力很强，能杀死细菌，所以常用来消毒伤口。此外，它还是一种重要的化工产品，广泛应用于纺织、造纸的漂白上。

动手做

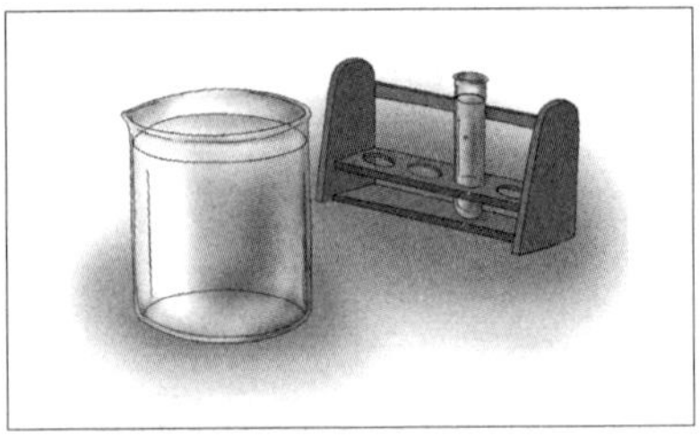

1 在烧杯中加满水，在试管中加满0.1%的过氧化氢溶液。

2 用水浸湿试管塞子的底部。用镊子将浸过过氧化氢酶的滤纸粘在塞子底部。

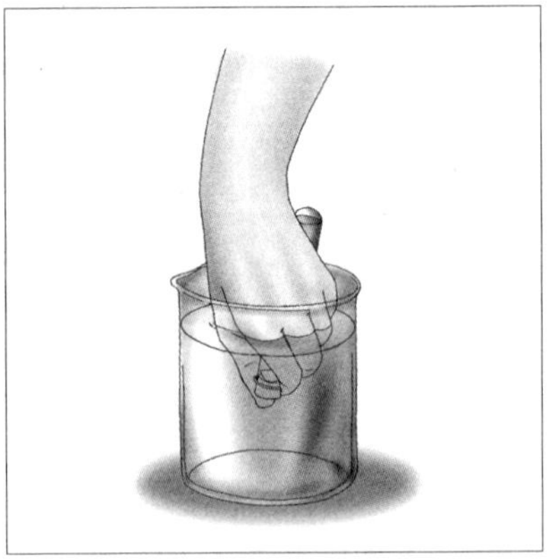

3 将塞子塞进试管中，用拇指抵住小孔，快速倒转试管。然后将试管抵住小孔的一端浸入水中，松开大拇指。

观察结果：松开大拇指后，试管中的滤纸出现了什么现象？记录下实验结果。

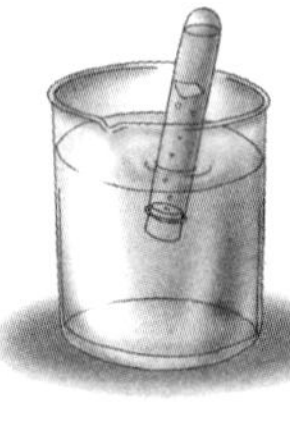

试管中出现了气泡，滤纸慢慢向上浮起来。

实验目的：用电解的方法将金属锌镀到铜上。

30.

30. 穿上新衣服的硬币

当电流通过电解质溶液时，化学元素会跟着带电的粒子移动，这个过程就叫电解。金属餐具和首饰表面上的银，就是通过这种方法镀上去的。你也可以自己动手，用这种方法试着为铜币镀一层锌。

★难度级别 0 1 2 3 4 5

准备好

1. 铜币
2. 砂纸
3. 水
4. 盐
5. 玻璃烧杯
6. 牙刷
7. 牙膏
8. 导线
9. 电池

原理揭示

当电流从电池的正极流出，经过裸露着锌的铜币时，锌就会跟着电流通过盐水，抵达另一枚铜币，在这枚铜币表面留下一层薄薄的锌。在水中加盐是为了增加电解溶液的导电性。

原理应用

利用电解技术，人们可以提炼出一些纯度非常高的金属，比如99.9%的电解铜。此外，电镀可以使金属表面增加一层其他金属或合金，从而增强金属的抗腐蚀能力，外观更加美观，硬度增强。

动手做

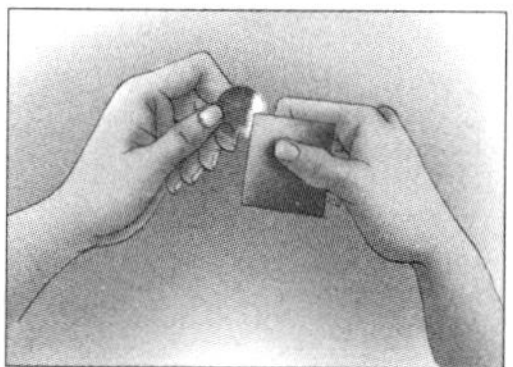

1 用砂纸打磨一枚铜币，直到铜层磨掉露出锌层。

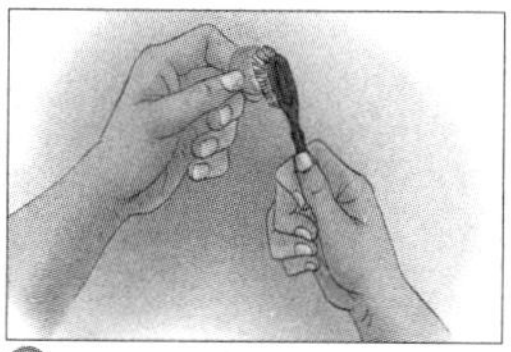

2 用牙刷和牙膏把另一枚铜币刷干净，然后放到水中洗一洗。

3 把水倒入烧杯，加进盐并搅拌，作为电解溶液。将一根导线接在打磨过的铜币上，另一根导线接在干净的铜币上，放进烧杯。

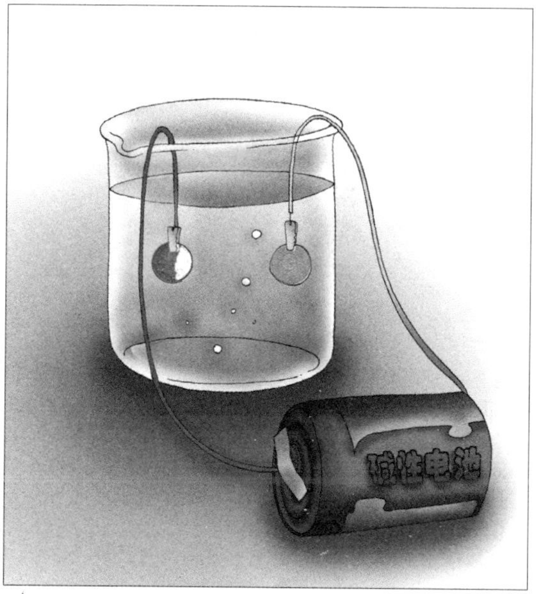

4 把接在打磨过的硬币上的导线接到电池的正极，另一根接到负极上。通电10分钟后，关掉电源，小心地取出铜币。

普通的硬币是黄铜色的，而溶液中的硬币覆盖了一层银光闪闪的锌。

观察结果：溶液中没有露出锌层的硬币，看看它和普通的硬币有什么不同，并记录下观察结果。

实验目的：用蒸发的方法分离盐和沙子。

31.

31. 蒸发取盐

在很早以前，人们就通过蒸发的方式获取盐了。与工业制盐不同，蒸发取盐工艺简单，不会局限于设备和技术手段，使用起来非常方便。在今天的实验中，我们就可以使用蒸发方法获得较纯净的盐。

★难度级别 0 1 2 3 4 5

准备好

❶耐热盘
❷盐
❸沙子
❹热水
❺烤箱
❻勺子

原理揭示

实验中，由于盐溶于水，沙子不溶于水，所以沙子会沉在盘子底部。首先用滗析方法分离开固体沙子和盐溶液。然后将溶液中的水分蒸发掉，把晶体盐从盐水溶液中结晶出来，就得到了比较纯净的盐。

原理应用

现在仍有许多临海地方设置盐场，采取蒸馏法从海水中提取食盐。海水提盐是利用温度、风等气象条件，通过自然蒸发析出结晶体。但是蒸发后的盐是粗盐，还要经过溶解、澄清、蒸发、干燥等多个过程才能制成精制盐。

动手做

1 将1勺沙子放进一个耐热盘中，加入一些盐。

2 在耐热盘中加入一些热水，不停搅拌，盐全部溶解后将盘子静置，直至沙子沉积到盘子底。

3 当沙子全部沉淀到底部后，把盐水溶液澄入第二个盘中，注意不要把沙子倒出。将盐水溶液的盘子放入烤箱，用低火加热，直至水分全部蒸发，关闭电源。

观察结果：盘子冷却后从烤箱里取出，观察盘中的现象。

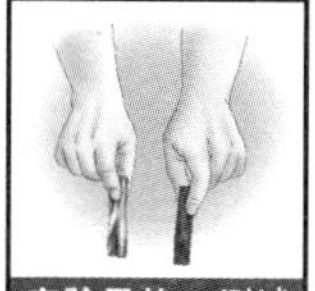

实验目的：测试酸对铝的腐蚀性。

32.

32. 铝锅会腐蚀食物吗

很多炊具都是用铝金属制成的，比如铝锅、铝壶等等。但是，做好的饭菜不能在铝锅里存放的时间太久，你知道这是为什么吗？铝会对我们的食物和身体造成什么破坏呢？做一做下面的实验，你就能够找到答案了。

★难度级别 0 1 2 3 4 5

准备好

❶口香糖的包装纸
❷白醋
❸玻璃杯
❹毛巾

原理揭示

铝金属可以和酸性物质发生发应。在醋中浸泡过的铝颜色发黑，说明铝被腐蚀了。食物存放的时间长了会发酵，产生有机酸，腐蚀铝锅，使部分铝金属随食物进入人体。人体吸入铝后容易损伤大脑，所以食物最好不要在铝制器具中长时间存放。

原理应用

在日常生活中，铝的应用非常广泛，如制作易拉罐外壳、包装纸灶具等等。为了防止铝制品被腐蚀，间接损害人身健康，人们会在易拉罐内壁、水壶内壁以及铝锅表面等地方涂上一层防腐蚀涂料，以减少铝金属被食物腐蚀的危险。

动手做

1 从口香糖上取下两张包装用的铝箔。

2 在玻璃杯中倒入小半杯醋，把铝箔浸在醋中。

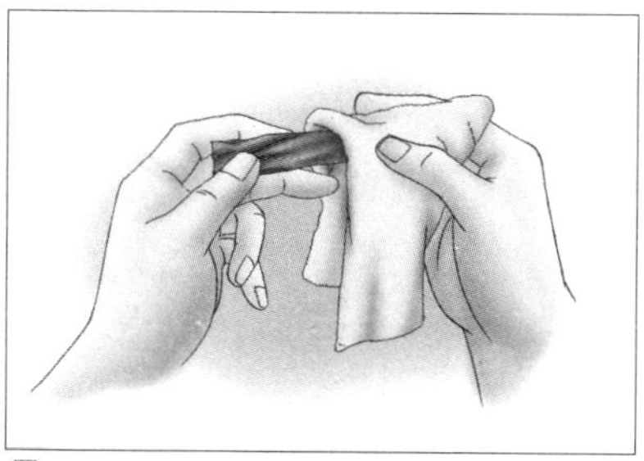

3 三天后从玻璃杯中取出铝箔，用毛巾擦干。

观察结果：比较两条铝箔，看看它们的颜色有什么区别。

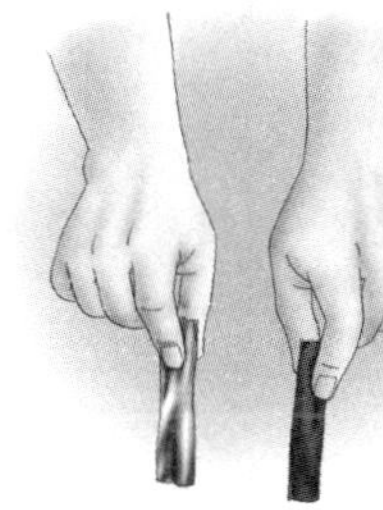

33. 不能染色的染料

实验目的：了解胭脂红染料的染色原理。

33.

衣服能够多彩鲜亮，全是染料的功劳。顾名思义，染料的作用当然是染色，但是染料可以将所有织物都染出颜色吗？今天我们就来认识一种无法为棉纱染色的酸性染料。完成下面的实验，想想为什么棉纱不能染上颜色。

★难度级别 0 1 2 3 4 5

准备好

❶食用胭脂红
❷食用白醋
❸蚕丝
❹棉纱
❺烧杯
❻温度计
❼电磁炉
❽水
❽筷子
❾盆

原理揭示

胭脂红的主要成分是酸性染料胭脂红酸。酸性分子中带负电的羧酸基团，能与蚕丝大分子链上带正电的氨基结合，使染料附着在蚕丝纤维上。棉纱纤维的大分子链上没有带正电的基团，所以不能染上颜色。

原理应用

软缎织物上的双色图案，就是利用酸性染料的染色原理织出来的。酸性染料只可以浸染织缎底部的蚕丝，不可浸染花纹部分的人造丝与棉纱。

动手做

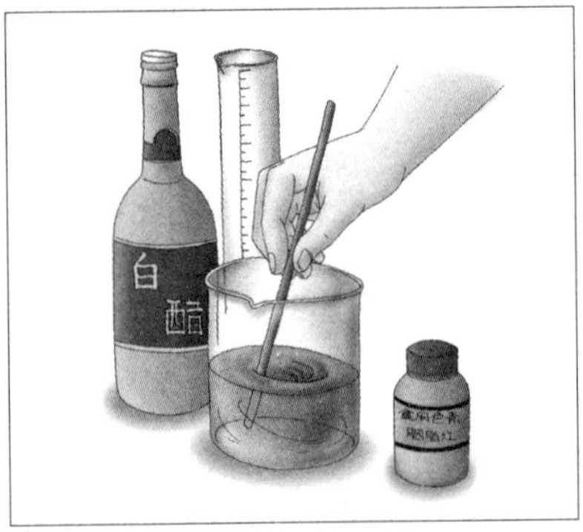

1 在烧杯中放1～2克胭脂红，再加入300毫升水，1～2毫升白醋，搅拌，使其溶解成溶液。

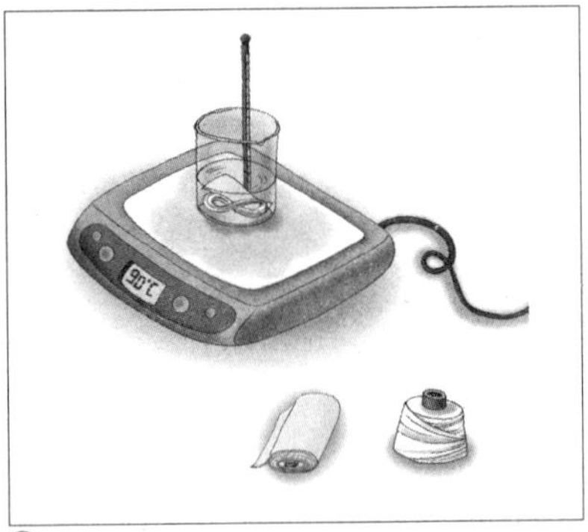

2 把蚕丝和棉纱放进烧杯，然后放到电磁炉上加热到90°C左右。使用电磁炉时要注意安全。

3 5分钟后，取出蚕丝和棉纱，分别用水洗去浮色。

观察结果：棉纱和蚕丝的染色结果怎么样，把实验结果记录下来。

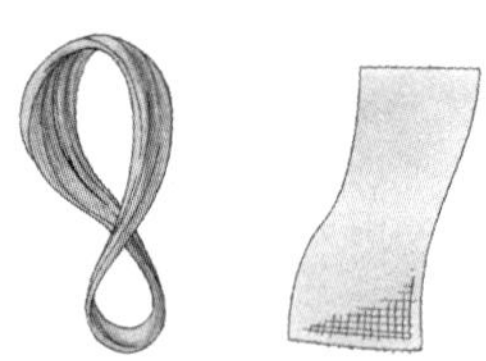

变红的蚕丝　　棉纱没有颜色的变化

实验目的：测试酸性和碱性物质的反应。

34.

34. 火山喷发了

火山喷发时，火红色黏稠的岩浆从山口喷涌而出，景象震撼人心。其实，在小小的实验室中，我们自己也可以制造出这种喷发，只要用一些化学药品，就可以办到。下面的实验中，让我们模拟一下火山喷发时的场面吧。

★难度级别 0 1 2 3 4 5

准备好

❶白醋
❷发酵粉
❸红色和黄色的食用色素
❹洗涤剂
❺大盘子
❻杯子
❼漏斗
❽勺子
❾灰色的橡皮泥

原理揭示

洗涤剂是碱性物质，醋是酸性物质。酸和碱反应可以生成盐、水和二氧化碳。而发酵粉遇到水后，会释放出大量的气体，气体急剧膨胀，推动融合了红、黄色素的黏稠溶液从橡皮泥的口中涌出，就出现了喷发效果。

原理应用

酸和碱的反应称为中和反应。利用中和反应可以来处理酸性有害气体。碱性吸收容器可以收集酸性废气，然后发生中和效应，将废气中的酸性物质除去。

动手做

1 **把橡皮泥捏成火山形状，中间打一个洞，在橡皮泥中间的洞里放进5克发酵粉，放在大盘子上。**

2 **在一个杯子里装入5毫升醋，再加入两滴洗涤剂和红色、黄色食用色素。**

3 **用漏斗把混合溶液装进橡皮泥的洞里，立即退后，观察现象。**

观察结果：将混合溶液倒入橡皮泥后，发生了什么现象？

实验目的：验证醋酸与钙的化合反应。

35.

35. 给鸡蛋“雕”花

在木板或是石板上雕刻花纹不是什么难事，但是在蛋壳上雕刻，这可能吗？我们都知道蛋壳非常脆弱，不要说雕刻，就是稍用力捏都会裂开。可是今天，我们不仅要在蛋壳上雕出花纹，还要让鸡蛋完好无损。赶快来试试吧。

★难度级别 0 1 2 3 4 5

准备好

❶熟鸡蛋
❷彩色画笔
❸玻璃杯
❹白醋

原理揭示

实验中，醋酸和蛋壳中的钙发生了化合反应，生成醋酸钙。鸡蛋壳上彩色笔画过的地方有颜料保护，没有受到醋的侵蚀，保持了原来的模样，鸡蛋壳的其余地方被醋酸腐蚀了，因此图案就被“雕”在了蛋壳上。

原理应用

因为醋可以溶解钙，所以人们在烹调鱼的时候，常常会加一点醋，使鱼骨变酥，更加可口。另外，生活中常用的暖壶常常会有水垢出现。因为水垢也是钙物质，所以只要把醋倒进壶里晃一晃，就可以把水垢溶解掉了。

动手做

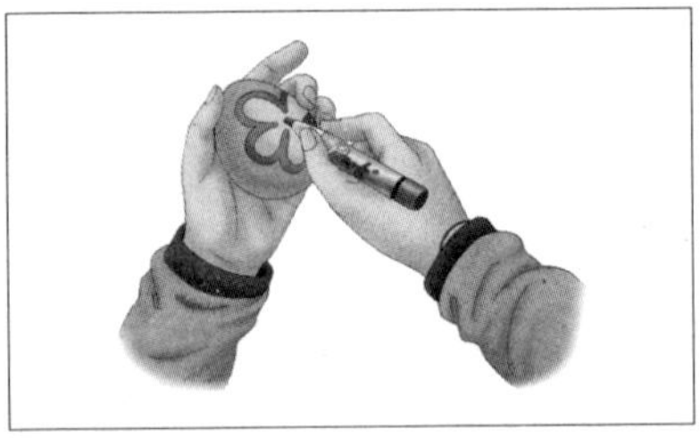

1 用彩色画笔在鸡蛋壳上绘制一些图案。

2 将鸡蛋放入玻璃杯，杯中加入白醋，使白醋将鸡蛋全部浸没。

3 2小时后，将玻璃杯里的醋倒出，再加入新鲜的白醋，让鸡蛋在醋中再浸2个小时。

观察结果：把鸡蛋拿出，用水清洗，观察鸡蛋壳的变化。

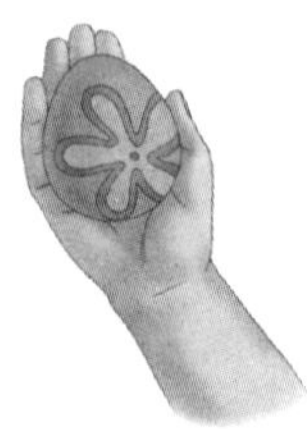

画在鸡蛋壳上的图案清晰地“雕”在了上面。

实验目的：学习制作天然乳胶的方法。

36.

36. 自制乳胶

早在古埃及时期，乳胶就已经出现，并被用来黏结工艺品了。乳胶的制作工艺简单，成本低廉，在日常生活中，是使用最为普遍的一种黏结材料。下面我们就试着用牛奶、小苏打等材料自己制作乳胶。

★难度级别　0　1　2　3　4　5（4/5）

■ 准备好

❶牛奶
❷小苏打
❸醋
❹平底锅
❺过滤器
❻玻璃碗
❼勺子
❽水

原理揭示

醋和奶一起加热时，动物蛋白质会分离出乳品固形物，被一种名为“乳清”的淡黄色液体包围。加入小苏打后，固形物中的乳蛋白质与小苏打发生化学反应，变得发黏，就成为可以黏结东西的胶了。

原理应用

胶的这一特性除了在工业生产和生活中发挥作用以外，还应用于医学领域。近年来，有人开始研制能令伤口黏结止血的胶类化合物，用以替代术后缝合，并且已经开始进入临床阶段。

■ 动手做

1 **把牛奶倒进平底锅中，然后把醋加到里面，慢慢加热直至有块状物产生。牛奶不要煮沸。**

2 **让牛奶冷却，直到锅中出现被浅黄色液体覆盖、质地像橡胶一样的物体。用过滤器过滤混合物，放入玻璃碗中，将液体分离出去。**

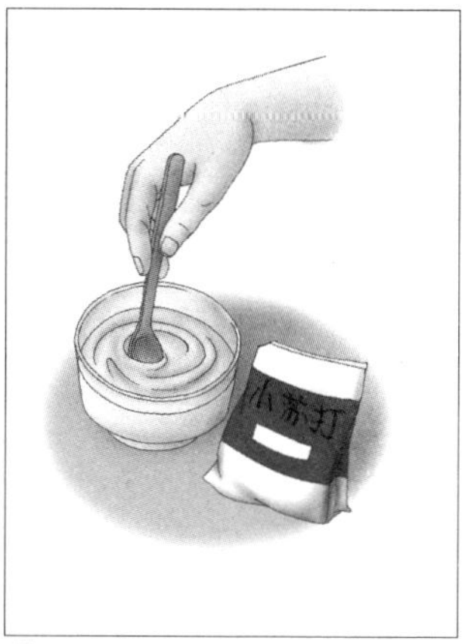

3 **将小苏打加入混合物中，然后搅拌均匀。**

观察结果：最后形成的物质是什么样的，试试用它能否把纸片粘在一起。

37. 做一个蓝莓试纸

实验目的：学会自制试纸，测试液体酸碱度。

37.

化学将液体分为酸性、碱性和中性。醋是酸性的，做面包用的苏打是碱性的。酸性和碱性物质在我们的生活中随处可见。测试酸碱性，最简易的方法就是使用试纸。今天，我们就用水果做个试纸，来检测溶液酸碱度。

★难度级别 0 1 2 3 4 5

准备好

❶蓝莓
❷白色的图画纸
❸碗
❹叉子
❺水
❻勺子
❼醋
❽小苏打
❾剪刀

原理揭示

蓝莓中有一种色素，可以根据溶液中氢离子浓度的变化而改变颜色，溶液呈酸性时，色素变为紫色，碱性时变为蓝色。实验中，蓝莓试纸是紫色的，所以在醋中呈红紫色，在碱性小苏打溶液中呈蓝紫色。

原理应用

利用试纸测量溶液的酸碱程度，在化工行业中应用比较广泛。酸、碱都是具有腐蚀性的溶液，操作过程中会有一定的危险性。因此，在使用之前确定溶液的酸碱强度是很有必要的。

动手做

1 把蓝莓去掉梗，用叉子把它捣烂，直到像果酱一样。

2 向碗中加水，将蓝莓稀释成果汁。把白色的图画纸剪成小条，浸泡在果汁里。然后取出纸条，把纸条上的果渣去掉，晾干。纸条变成了紫色。

3 在一个小碗中倒入醋，在另一个小碗中加入小苏打和水，配成溶液。

观察结果：将试纸放入醋中，变成了什么颜色；将试纸放入小苏打中，又变成了什么颜色？记录你的观察结果。

实验目的：认识溶液的pH值，学习改变溶液的酸碱度。

38.

38. 绿色的牛奶

我们都知道牛奶是白色的。那么“绿色的牛奶”是怎么回事呢？这可不是因为牛奶坏了，而是牛奶中加入了其他溶液，改变了原来的酸碱性。究竟加入什么东西能让它改变原有性质呢？跟着我们的实验，一起来看看吧。

★难度级别 0 1 2 3 4 5

■ 准备好

❶一次性纸杯
❷紫叶甘蓝汁
❸橙汁
❹肥皂水
❺牛奶
❻滴管

原理揭示

紫叶甘蓝汁中有一种色素，遇酸呈粉红色，遇碱呈绿色。橙汁是酸性溶液，所以甘蓝汁变为红色；肥皂水和牛奶是碱性溶液，甘蓝汁变为绿色。橙汁、肥皂水倒入一起后，酸碱中和，甘蓝汁溶液又恢复为原来的颜色。

原理应用

通过化学方法改变物质原有酸碱性，这种方法在很多领域都有应用。比如在农业上，很多植物有喜酸性土壤或碱性土壤的习性，我们就可以改变土地原有酸碱程度，适应植物的生活习性，使它们茁壮成长。

■ 动手做

1 **将橙汁、肥皂水、牛奶分别装入三个纸杯中，贴上标签。**

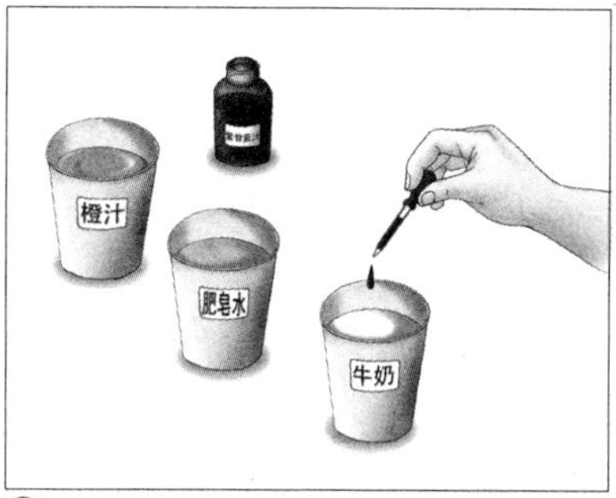

2 **在三个纸杯中分别加入一滴紫叶甘蓝汁，橙汁变成了粉红色、肥皂水变成了绿色，牛奶也变成了绿色。**

3 **将紫叶甘蓝汁倒入新的纸杯，加入几滴橙汁观察现象。再滴几滴肥皂水，观察现象。**

观察结果：紫叶甘蓝汁中先加入几滴橙汁，再滴几滴肥皂水，分别出现了什么现象？

在紫叶甘蓝汁中加入几滴橙汁，溶液变为粉红色；再滴几滴肥皂水，溶液变回紫色。

Part3 | 第三章 奥妙无边的大自然

大自然拥有无限的创造力，她创造出雄伟的冰川、广阔的沙漠、高耸的山峰、深纵的峡谷来做自己的装饰；她创造出游动的浮云、骤雨狂风做自己的表情；不甘寂寞的她还创造出微生物、植物、动物和人类等鲜活的生命。大自然是神秘的，又是可知的；是前后延续的，又是局部可以重复再现的。

让我们一起进入这片奥妙的自然天地，用自己的双手揭开她神秘的面纱，解读她的各种神奇：云是怎样形成的？冰雹长得什么样？雨水是大自然的眼泪吗？植物的种子是怎样萌芽的？蜜蜂为什么喜欢红颜色的花儿？动物又是怎样度过严寒的？肌肉是怎么运动的？……

你可以自己制作的风向标、量雨器，测量风吹来的方向和雨落下的数量；可以探寻植物的萌芽、生长、习性；还可以了解人类的呼吸方式，测量自己的肺活量。

热爱大自然，才能热爱我们自己的生活；了解了大自然，也才能了解我们自己的生活。动手去认知和改造大自然，为我们的美好生活服务。

实验目的：模拟日全食与日偏食发生时的现象。

01.

01. 日全食与日偏食

日食是一种很重要的天文现象，但是平常很不容易看到。不过，有了下面的这个仪器，我们不用等到日食发生的时候，也能看到日全食和日偏食的现象了。

★难度级别 0 1 2 3 4 5

■ 准备好

❶硬纸板
❷橡皮泥
❸小木棍
❹没有灯罩的台灯
❺黑笔
❻钉子
❼胶带

原理揭示

实验中，台灯相当于太阳，当我们从边缘观察“月亮”与“太阳”时，会看到“月亮”将“太阳”的一部分遮掩了起来，这是日偏食现象。当我们从阴影中心观察“月亮”与“太阳”时，会看到“月亮”将“太阳”遮掩了起来，这是日全食现象。

知道更多

古代的日食观测是指17世纪经典天文学诞生以前所进行的日食观测和记录。一般认为，世界上最古老的日食记录是中国《尚书·胤征》篇中记载的夏朝的一次日食。

■ 动手做

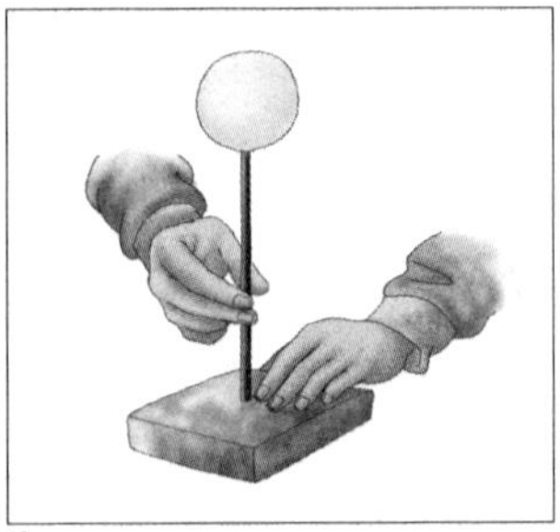

1 用橡皮泥做一个圆月和一个底座。用木棍把它们连在一起，立在桌子上。

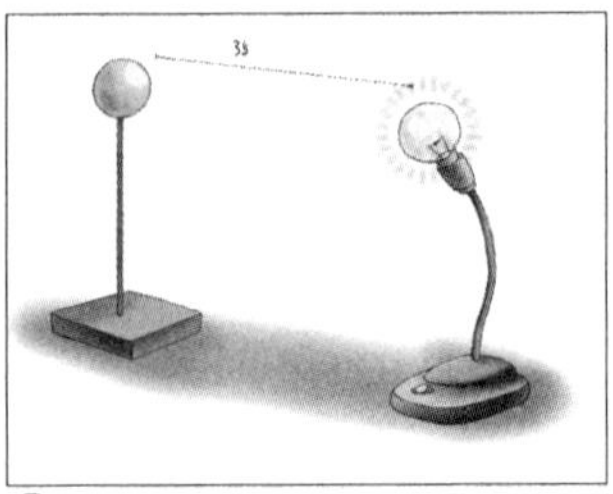

2 把台灯放在距离“月亮”30厘米远的地方。注意台灯的灯泡与“月亮”的高度应该一致。

3 把一张纸板修剪、折叠，粘成支架，使另一张纸板在它的支撑下立在桌面上，打开台灯。

4 调整台灯，直到阴影变得清楚。在阴影的正中心做一个记号，在阴影的边缘上做两个记号。用钉子分别在这三个位置戳一个洞，并在纸板的背面标出阴影中心的洞的位置。

观察结果：把室内的灯光调暗，走到纸板的背面，进行观察。

透过阴影边缘的洞观察，看到了日偏食的模拟景象；透过阴影中心的洞观察，看到了日全食的模拟景象。

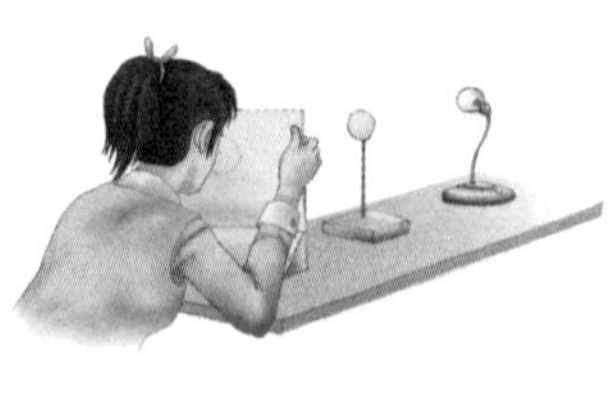

实验目的：认识温室气体，了解大气层的作用。

02.

02. 暖和的温室

地球上空覆盖着厚厚的大气层，能留住太阳光的热量，各种生物才能在地球上健康的生活。下面的实验中，我们就搭建一个温室来模拟大气层，观察一下大气层是如何来“温暖”地球的。

★难度级别 0 1 2 3 4 5

准备好

❶鞋盒
❷黑色的颜料
❸刷子
❹温度计
❺胶带
❻橡皮塞
❼能嵌入鞋盒的玻璃板
❽纸和笔

原理揭示

鞋盒内部涂成了黑色，可以最大限度地吸收太阳的热量；又由于两层玻璃的阻挡，热量散发不出去，因此鞋盒底部的温度最高。中间的玻璃板因为有顶层玻璃的保护，热量散失的不多，温度居中。而顶层玻璃板无法保存热量，因此温度最低。

知道更多

在地球的大气层中，有一些温室气体，如二氧化碳、甲烷，它们对太阳短波辐射吸收率小，因此太阳光可以穿透大气到达地面。

动手做

1 将鞋盒内部用刷水和颜料刷黑、晾干。把一支温度计用胶带粘在鞋盒的底部。

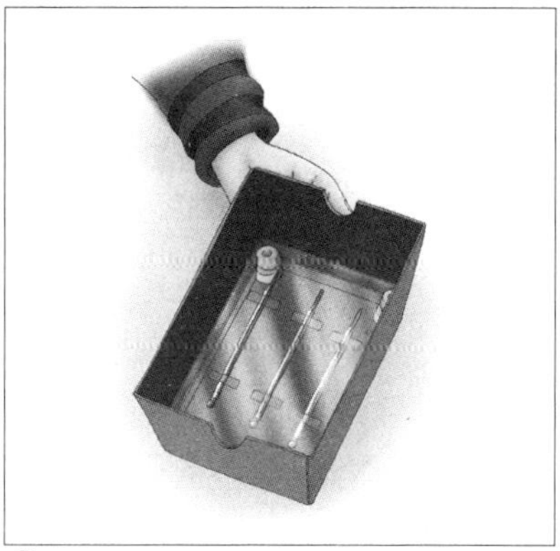

2 在鞋盒内的四个角上分别放四个橡皮塞，再把一块玻璃板放在橡皮塞上。把第二根温度计粘在玻璃板上，注意要与第一支温度计放的位置不同。

3 再将四个橡皮塞放在玻璃板的四个角上，把第二层玻璃板放在橡皮塞上，将第三支温度计粘在第二层玻璃板上。

观察结果：把鞋盒放在阳光下一小时，每20分钟记录一下三支温度计的读数。一个小时内，三支温度计显示的度数是怎样？

实验目的：利用太阳辐射来提取蒸馏水。

03.

03. 自制蒸馏水

蒸馏水是普通水经过很多重加工以后而成的，在加工过程中，经过超100摄氏度的高温蒸馏，可以完全杀死水中细菌，不含任何杂质。下面这个实验，可以告诉你怎样利用简单的器具，自制蒸馏水。

★难度级别 0 1 2 3 4 5

准备好

❶大的塑料盆
❷玻璃杯
❸干净的小石头
❹透明玻璃纸
❺胶带
❻泥土
❼水

原理揭示

在阳光的照射下，被玻璃纸覆盖的塑料盆会非常热。高温使泥水蒸发。当上升的水蒸气遇到玻璃纸的阻挡时，会凝聚成小水珠挂在玻璃纸的内壁上。这些小水珠完全是由纯净的蒸馏水形成的。由于玻璃纸向中间倾斜，小水珠会在水杯上方汇合，形成更大的水滴，落在杯里，蒸馏水就制成了。

原理应用

因为蒸馏水在蒸馏的过程中除去了水中的重金属离子，不会对化学反应的结果产生影响，所以常常应用在化学、医疗和科研实验中。

动手做

1 在一个塑料盆里把泥土与水混合在一起，注意泥和水的混合浓度不要太稀，盆里水的高度不要超过5厘米。然后把塑料盆放在一个有阳光的地方。

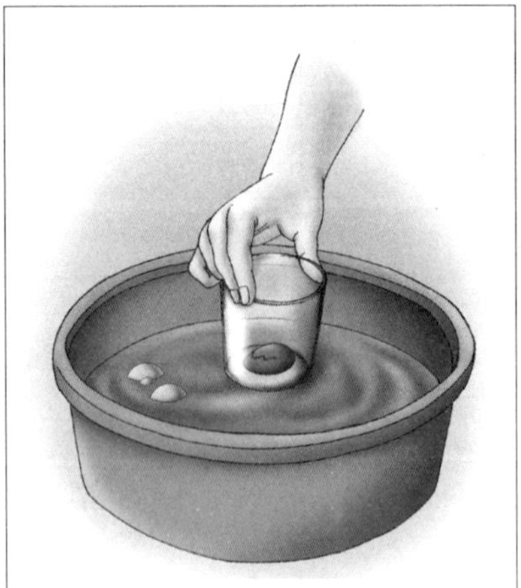

2 把一块干净的石头放进水杯里，然后把水杯放在塑料盆的正中间。

3 在塑料盆上蒙上一张透明的玻璃纸，然后用胶带把玻璃纸固定在塑料盆的边沿上，注意让玻璃纸处于紧绷的状态。最后将一块小石头压在水杯正上方的玻璃纸上，蒸馏装置就做好了。

观察结果：让蒸馏装置在太阳下晒一天，观察装置中的现象。

玻璃纸内壁上出现很多小水珠，向玻璃纸中间倾斜着移动，在水杯的正上方汇集在一起，形成更大的水滴，落进水杯里。

实验目的：模拟云的形成过程。

04.

04. 瓶子中的云

天空中的云形态各异，有的像纤白的羽毛，有的像轻盈的细丝，绚丽多彩。云的产生和消散需要充足的水汽和使水汽凝结的冷空气。今天，就让我们在小小的瓶中制造飘渺的云，了解一下云的形成过程。

★难度级别 0 1 2 3 4 5

■ 准备好

❶冷水
❷火柴
❸带盖的塑料瓶
❹剪刀
❺橡皮泥
❻吸管

原理揭示

用冷水冷却瓶子，瓶中会形成水蒸气。然后往瓶中吹气，让瓶子内的气压增加。松开吸管后，瓶内的气压下降。于是瓶子中的空气变冷，瓶子中的水蒸气就会附着在烟尘的尘粒上，凝结成极小的水滴，在瓶子中形成了云。

知道更多

自然界的云的形成与实验的原理是相同的。水经过蒸发进入大气，水蒸气饱和后，它就会凝结成水滴，并依附在大气中的微小粒子上，例如盐粒、烟粒、尘埃等，云就产生了。云的生成和分布是天气变化的重要特征之一。

■ 动手做

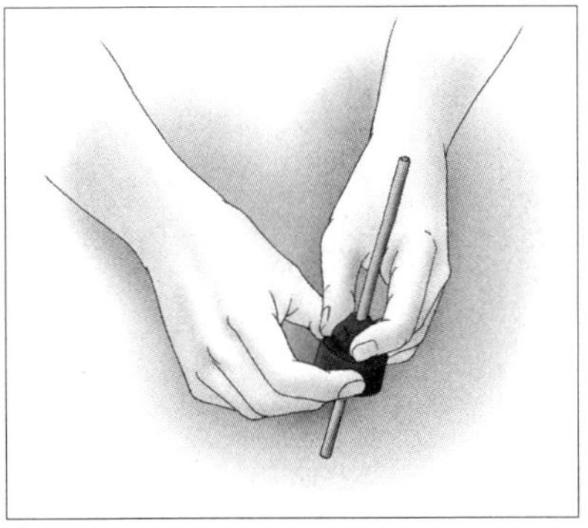

1 用剪刀在瓶盖上穿一个洞，把吸管插入瓶盖并用橡皮泥封好。

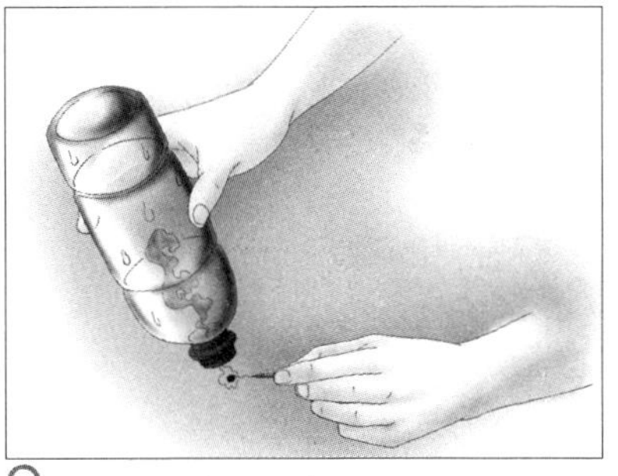

2 往瓶子中倒入冷水，摇晃瓶子后将水倒出。然后点一根火柴，吹灭后把带烟的火柴放在瓶口，让烟进入瓶子。注意不要将火柴扔进瓶子中。

3 迅速地拧上瓶盖，通过吸管往瓶中吹气。停止吹气后捏住吸管，使空气不能逸出。

观察结果：松开吸管，观察瓶子会出现什么样的现象。

实验目的：了解冰雹的形成过程和内部的层次。

05.

05. 制作冰雹

为什么只有夏天的时候会下冰雹呢？冰雹里面的结构是怎样的，又是怎么形成的呢？下面的实验，会教我们自己动手制作冰雹。完成实验后，你就能够找到答案了。

★难度级别 0 1 2 3 4 5

准备好

❶4个大小各不相同的塑料碗
❷几种食用色素
❸布
❹锤子
❺碟子
❻烧杯
❼水
❽电冰箱

原理揭示

在积雨云层里，气流不断翻滚，水滴、冰晶、雪花被带到云层上部，达到冰点后冻结、下降。这个过程不断重复，导致冻结的水滴上不断附上新的冰层，直至云层无法将它托住，就掉到地上，成了冰雹。我们制作的冰球只有几个冰层，结构比自然界中的冰雹简单得多。

知道更多

为减小冰雹危害，在冰雹经常发生的地方，人们用高炮将携带催化剂的火箭打入积雨云层，进行人工降雨，防止冰雹形成。

动手做

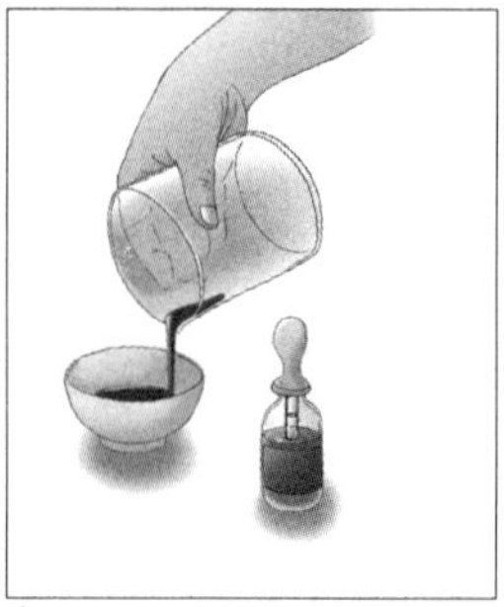

1 把水倒进烧杯，水中加入一种食用色素，搅拌均匀。然后把水倒入最小的塑料碗中，放进冰箱将它冻实。

2 在大一点的塑料碗中倒入一半的水，加入另一种色素搅拌均匀。把塑料碗放入冰箱降温，但不要冻实。

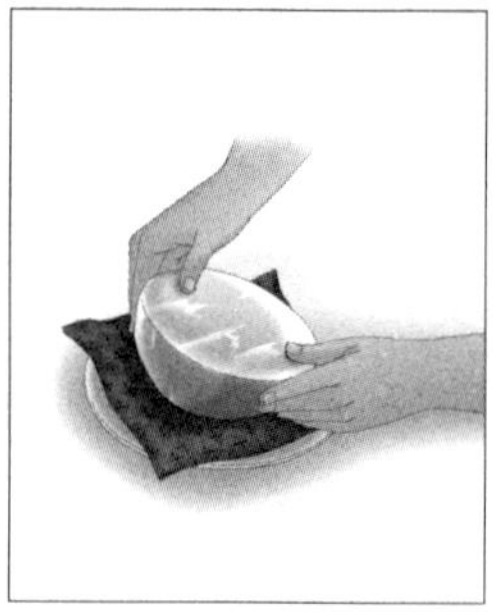

4 把布平铺在碟子里，在第四个塑料碗中的冰冻实后，把它取出放在布上。

3 把冰从第一个塑料碗中倒出，放进第二个装有冷水的塑料碗中，然后把它放入冰箱冻实。重复第二步和第三步，直到用完4个塑料碗。注意塑料碗中溶液的颜色要各不相同。

观察结果：用锤子把冻实的冰敲开，观察它的结构。

实验目的：认识沙粒的大小对风沙运动的影响。

06.

06. 模拟风沙运动

风沙是一种常见的自然现象。在一些干旱地区的沙滩上，一个个沙丘总是像波浪一样连绵起伏，这种特殊的地貌与沙子质量的大小有密切的关系。在下面的实验中，我们就来看看沙粒的大小对风沙会有什么影响。

★难度级别 0 1 2 3 4 5

准备好

❶塑料制冰盒
❷塑料板
❸颗粒较大的沙子
❹海滩上的细沙
❺水族箱中的装饰砂
❻电吹风
❼书
❽玻璃杯
❾勺子
❿放大镜

原理揭示

颗粒越小，质量就越小，因此可以随风运动得越远。较大的颗粒由于质量较大，不会随风运动得很远。因此在实验中，距离电吹风最近的是较大的颗粒，而距离越远，颗粒就越小。

知道更多

由于风沙的运动，疏松沙石覆盖了很多地区，这就是沙漠。全球陆地有1/10的面积是沙漠，主要分布于北非、西南亚、中亚和澳大利亚地区。

动手做

1 在水杯里将粗沙、海滩沙与装饰砂混合在一起。

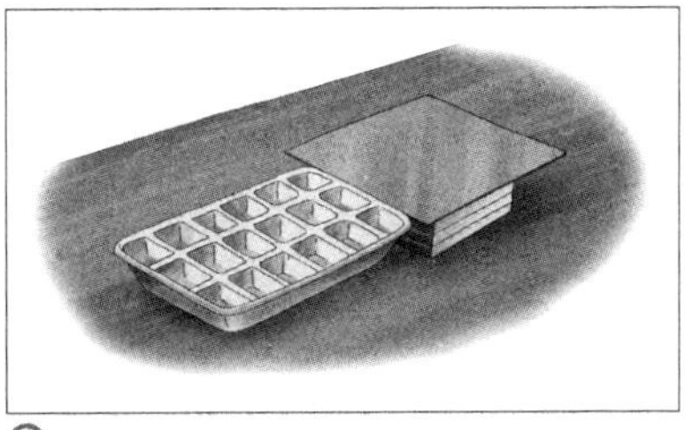

2 将一摞书放在桌上，把塑料板放在书上。再将塑料制冰盒的一端放在书的旁边。注意书的高度应该与塑料制冰盒高度相同。

3 用勺子取足够多的混合物放在塑料板上，使之形成一个“小沙丘”。用电吹风在距离“沙丘”大约10厘米的地方向“沙丘”吹风，大约30秒左右。

观察结果：关掉电吹风后，观察塑料制冰盒的各个小格子中的颗粒，将观察结果记录下来。

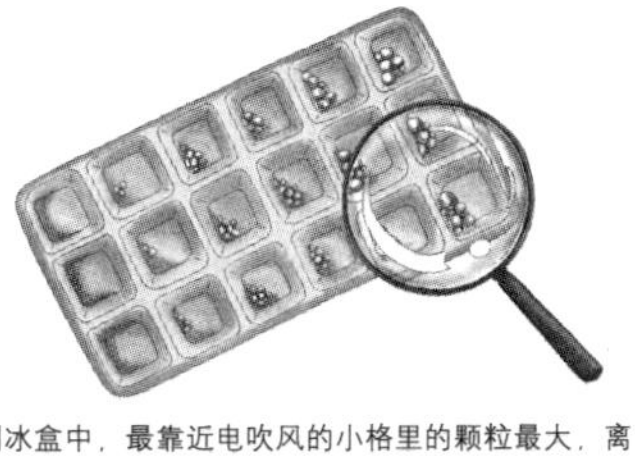

制冰盒中，最靠近电吹风的小格里的颗粒最大，离电吹风最远的小格里的颗粒最小。二者之间的小格中，沉积的颗粒由近到远依次变小、变细。

实验目的：制作测风仪，并用它来测定风速。

07.

07. 制作测风仪

“一级风，人难知，二级风，飘鸭毛， 三级四级尘土飞，五级六级门窗叫……”这首儿歌告诉我们，风的强度有大小不同的差别。下面，让我们制作一个简易的测风仪，来测量风速。

★难度级别 0 1 2 3 4 5

准备好

❶一次性纸杯
❷颜料
❸刷子
❹剪刀
❺50厘米长的木棍
❻15厘米长的薄木条
❼铅笔
❽橡胶垫圈
❾图钉
❿秒表

原理揭示

纸杯的质量轻，能更灵敏地感受到风，当风刮起来时，会吹动纸杯转动。风速越大，纸杯转动越快；相反，纸杯就会转动得慢。比较不同时候，一分钟内纸杯转动的圈数，就可以比较出这两个时段风速的大小了。

知道更多

风可为帆船和风力发电站提供动力。但是8级以上的风，常能破坏建筑设施和农作物，是一种灾害性天气。因此及时的大风预报对生产生活很重要。

动手做

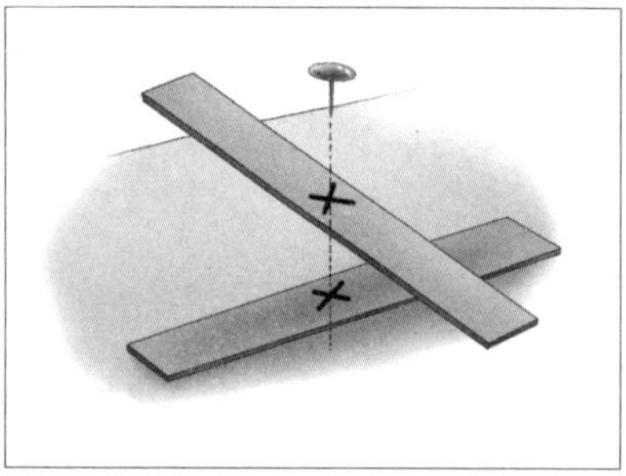

1 把薄木条剪成完全相等的两段，用铅笔在每段的中间画一个“X”。然后把两个“X”叠放在一起，用图钉在中间穿过。

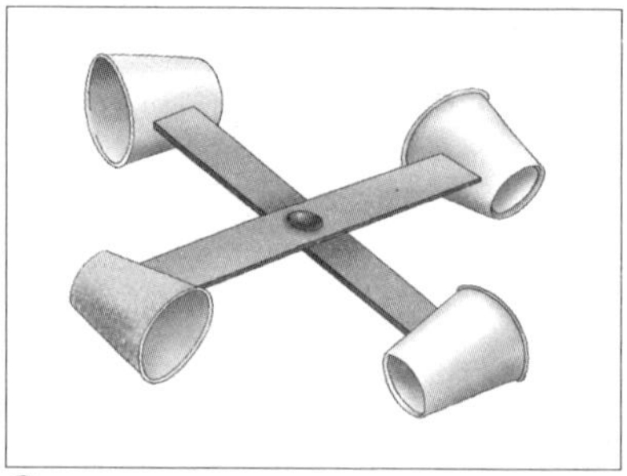

2 用刷子和颜料把一个一次性纸杯的外面涂上颜色，固定在钉好的木条的一端，再把另外三个一次性纸杯固定在其他三个木条的一端。注意每一个杯口都要对着相邻杯子的杯底。

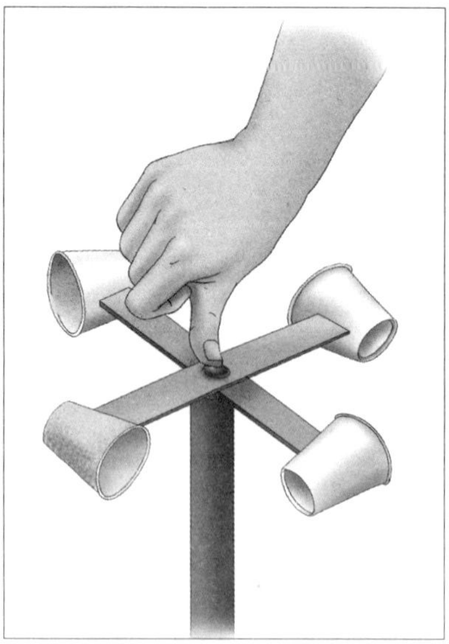

3 在木棍的顶端放一个橡胶垫圈，然后把木条上的图钉按进木棍。注意要使木条能自由转动。

观察结果：把测风仪拿到一个开阔的地方，插进土里。打开秒表，通过测量杯子一分钟内转动的次数，就可以测量风速了。

实验目的：制作风向标，并用它来测量风向。

08.

08. 制作风向标

春天到了，东风带来的温暖的气息；冬天来了，北风呼啸而过，天气会越来越寒冷。大自然中的风会从不同方向刮来，你可以制作一个风向标，借助它来判断风的方向。

★难度级别 0 1 2 3 4 5

准备好

❶150厘米长的木棍
❷铝片
❸120厘米长的细木棍
❹钉子
❺金属垫圈
❻胶水
❼彩色的硬纸板
❽剪刀
❾铅笔
❿指南针

原理揭示

当大风吹动风向标上的铝箔箭头时，箭头会转动。它转动的方向就是风吹来的方向，我们可以通过风向标上的东、南、西、北四个方向的指示清楚地了解有关风向的确切情况。

知道更多

风向的测量十分重要。对于飞机来说，风速风向数据是飞机安全起降的保障。海船需要根据风向来调整速度和方向，才不会偏离航线。

动手做

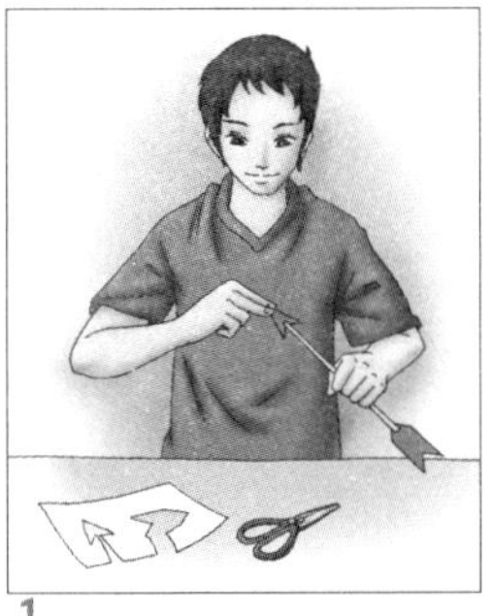

1 用铅笔在铝片上画出箭头和箭尾的形状，并剪下来。然后剪下60厘米长的细木棍，在它的两端各割一个约1厘米的竖口，分别把铝片箭头和箭尾插在细木棍的两端。

2 用钉子穿透细木棍的中间部分，再穿过金属垫圈，把细木棍固定在长木棍的顶端。注意要使细木棍能自由地旋转。

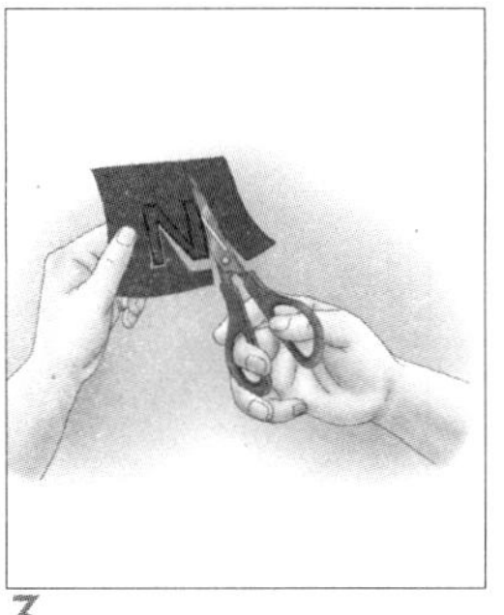

3 在彩色的纸板上写出"N、S、E、W"，分别代表北、南、东、西，每个字母用不同的颜色，然后把四个字母剪下来。

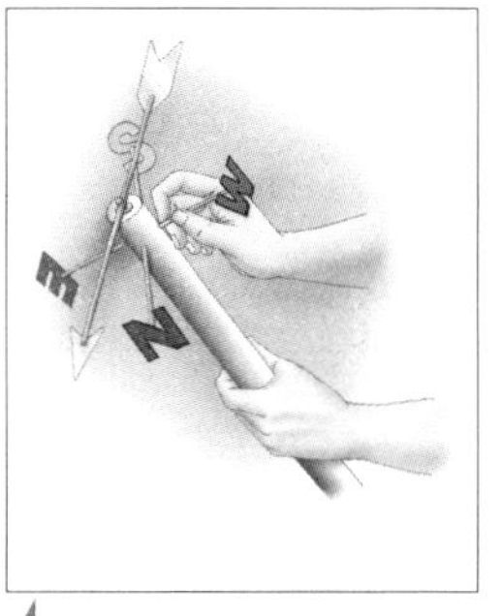

4 分别剪下四段15厘米长的细木棍，把每个字母粘到细木棍上。然后把细木棍用胶水粘到长木棍上，等待胶水完全干燥。

观察结果：把风向标拿到室外。先用指南针确定南北，把风向标插入地里，让字母"N"对着北方，那么箭头所指的方向就是风向了。

实验目的：制作量雨器，来测量雨量。

09.

09. 制作量雨器

气象台的预报员在预报气温的时候，会预报每次降雨量的多少。降雨量是根据什么测量的呢？其实，有一种专门测量雨量的仪器——量雨器，有了量雨器，你也可以自己动手测量雨量。

★难度级别 0 1 2 3 4 5

准备好

❶玻璃球
❷尺子
❸塑料瓶
❹剪刀
❺胶带
❻记号笔
❼水

原理揭示

量雨器的顶部可以收集雨水，通过塑料瓶的细口流到量雨器的内部，从而测出塑料瓶中的雨量。计算出量雨器瓶口的面积，将其换算成以平方米为单位的数字，就知道每平方米的降雨量了。例如，瓶口的面积是1/32平方米，只要将量雨器内的降雨量乘以32，就是每平方米的降雨量了。

原理应用

利用量雨器测量降雨量，可以及时判断雨的强度以及汛期的来临时间和长短。人们还可以由此确定播种庄稼的时期，预测来年收成。

动手做

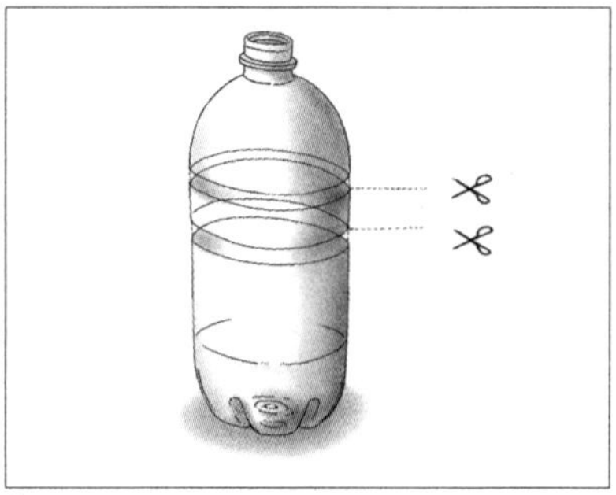

1 将塑料瓶上方的窄口部分剪掉，使剩下的部分能嵌套窄口部分。将塑料瓶下部剪短一截，使它的高度刚好可以嵌套。

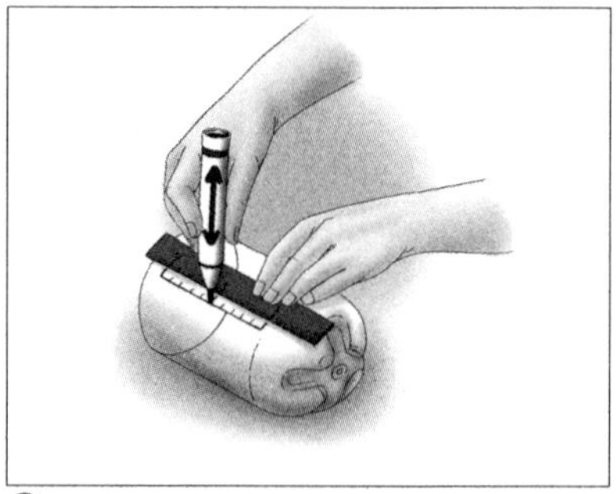

2 在塑料瓶的下部5厘米处标记零刻度，用尺子再向上量出10厘米，用记号笔在瓶子上标出高度，作为标尺。

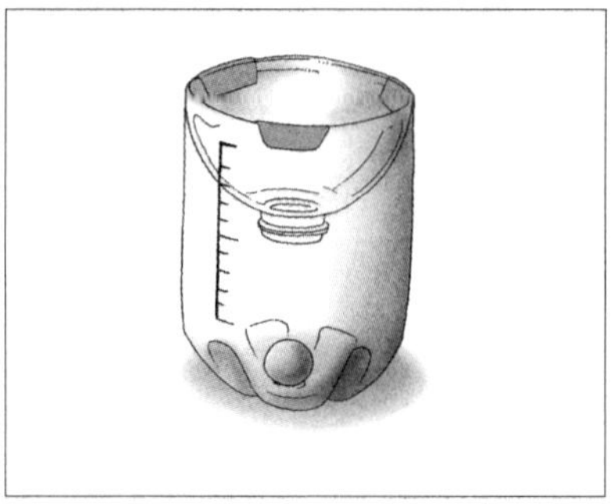

3 把玻璃球放在瓶底，将剪下的窄口部分倒扣在塑料瓶的下部，用胶带粘牢。

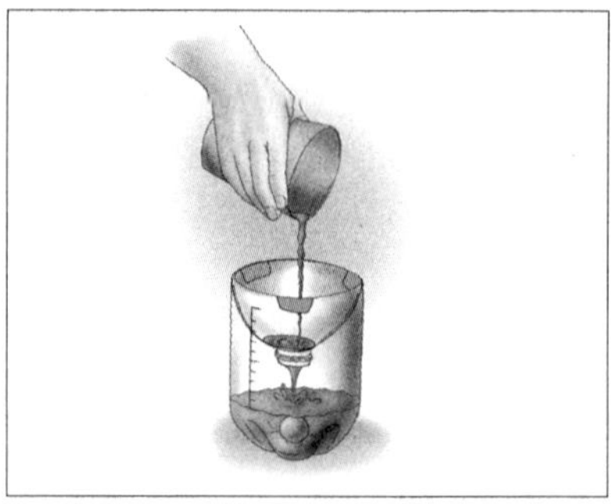

4 把水倒入塑料瓶，使水位正好在零刻度处。量雨器就做好了。

观察结果：下雨时将量雨器放在室外，等雨停后观察雨水达到的高度。

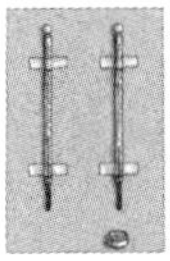

实验目的：制作湿度计，测量空气中水汽的含量。

10.

10. 制作湿度计

虽然用肉眼看不到，但我们总是能感觉到空气中有水存在。比如干衣服变得潮乎乎的，皮肤上也黏黏的。如果想要测量出空气中湿度的大小，就需要一支湿度计才可以。

★难度级别 0 1 2 3 4 5

准备好

❶硬纸板
❷钢笔
❸温度计
❹胶水
❺饮料瓶瓶盖
❻棉花
❼水
❽胶带
❾直尺

原理揭示

水在蒸发时会吸收周围的热量。棉花中的水在蒸发时从它上方的温度计上带走了一部分热量，因此这只温度计的读数要比另一支低。水蒸发得越快，温度计上的读数就越低。湿度计中的两支温度计读数差别越大，证明空气中的湿度越小。

知道更多

空气湿度的大小对人体健康有很大的影响。湿度过大时，人体分泌的松果激素量会较大，细胞就会"偷懒"，人就无精打采，萎靡不振。

动手做

1 用直尺在硬纸板上画上距离相等的直线。用胶带把两支温度计并排、等高的粘在纸板上，两支温度计中间距离8～10厘米。

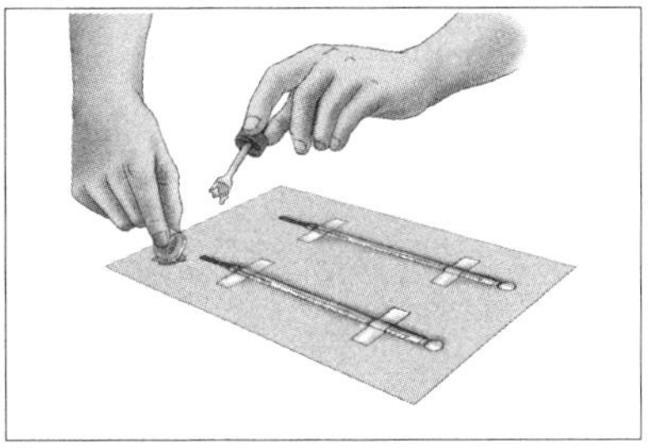

2 把饮料瓶盖用胶水固定在一支温度计下2.5厘米处。

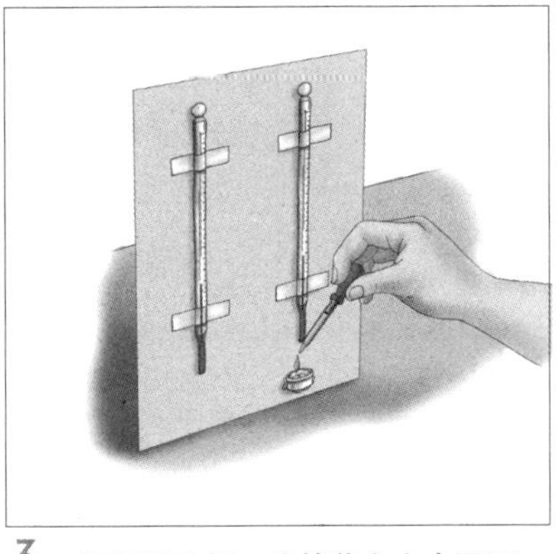

3 把纸板立起，将棉花在水中浸湿，放在饮料瓶盖中，然后向里面加水。这就做好了一个湿度计。

观察结果：半个小时后，观察两支温度计，哪一个的读数更高呢？

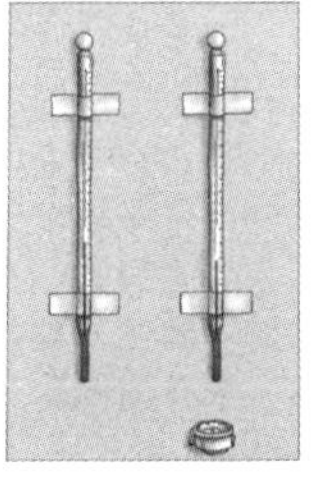

没有放棉花的一边，温度计读数更高一些。

实验目的：制作一个地震仪，了解它的工作原理。

11.

11. 自制地震测量仪

为了测量地震，地质学家们使用了各种仪器，其中最常用的就是地震仪。地震仪是如何工作的呢？我们现在就借助一些简单的工具，制作一个简易地震仪，来了解一下它的工作原理。

★难度级别 0 1 2 3 4 5

准备好

❶有盖的玻璃罐
❷水
❸铅笔
❹水彩笔
❺橡皮
❻白纸
❼线
❽胶带

原理揭示

向桌子每砸一拳都有波产生，波以被砸的地方为中心向四周扩散，这与地震波在地表的传播很相似。尽管扩散路径上的东西会上下跳动，但由于水彩笔和橡皮绑在一起，重力增大，上下震动对它没有影响。因此这个“地震仪”只记录了水平方向上波的运动情况。

原理应用

地震仪可以记录地震时产生的各种波，科学家通过对这些波的分析，就能判断出地震的震源和震级，以及地震影响的地区。

动手做

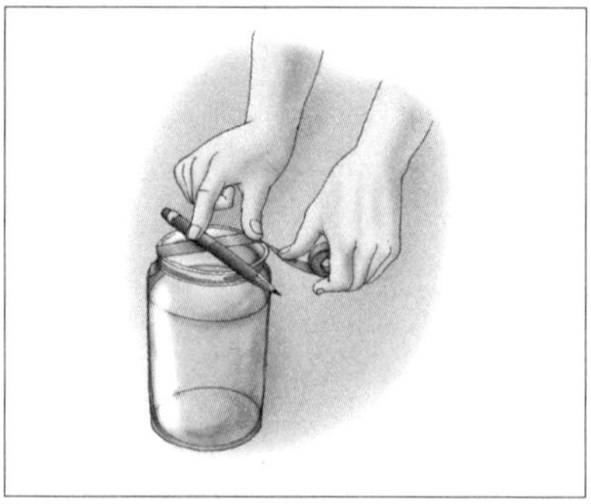

1 在玻璃罐中装满水，用胶带把铅笔粘在罐子上。

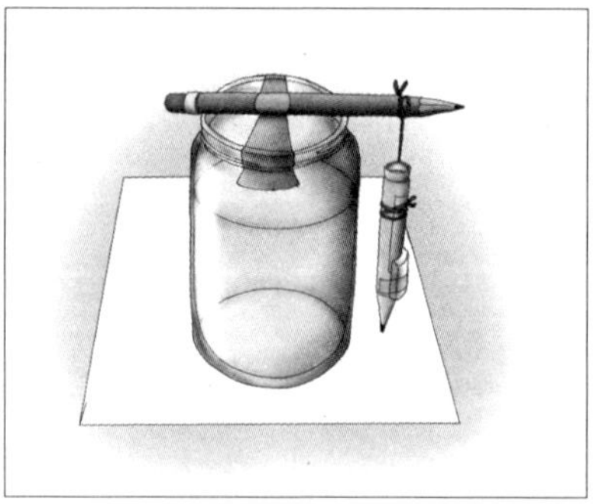

2 在桌子上放一张白纸，将玻璃罐放在白纸上。然后用线将水彩笔栓在铅笔上，使水彩笔的笔尖尽量贴紧纸面，使线的长度刚好可以垂直，不用弯曲。然后在水彩笔上用胶带绑一块橡皮。

3 一个人轻轻地沿直线方向拉动白纸，同时另一个人在桌子的不同位置用拳头砸桌面，使“地震仪”感受到震动。

观察结果：当白纸被画满后，观察白纸上的图形。

在桌子发生震动的时候，水彩笔在白纸上绘出了曲折的线。

实验目的：模拟冰川的运动。

12.

12. 冰川的运动

冰川是陆地上重要的水体之一，主要分布在两极地区。冰川会进行移动，但速度很慢，我们一般很难发现。不过通过下面的实验，你就可以了解到冰川运动的情况了。

★难度级别 0 1 2 3 4 5

■准备好

❶杯子
❷沙子
❸小卵石
❹冷水和热水
❺木板
❻锤子
❼钉子
❽橡皮筋
❾冰箱

原理揭示

当冰川上的冰层越积越厚时，由于冰体本身重量过大，冰川底部便沿着山坡向下发生滑动。冰川底部和边缘的岩石就会被磨蚀成碎块，与冰川一起移动。实验中，冰块的力量不能将石头磨碎，所以预先准备了沙子和小卵石来模拟真实的岩石碎屑。

原理应用

冰川通过刨蚀和磨蚀产生的岩石碎屑会随着冰川运动向下搬运。当冰川消融后，这些堆积下来的物质就形成了特殊的冰川地貌。

■动手做

1 把沙子和小卵石放进杯子里，然后加满水。将杯子放进冰箱，让水冻结。

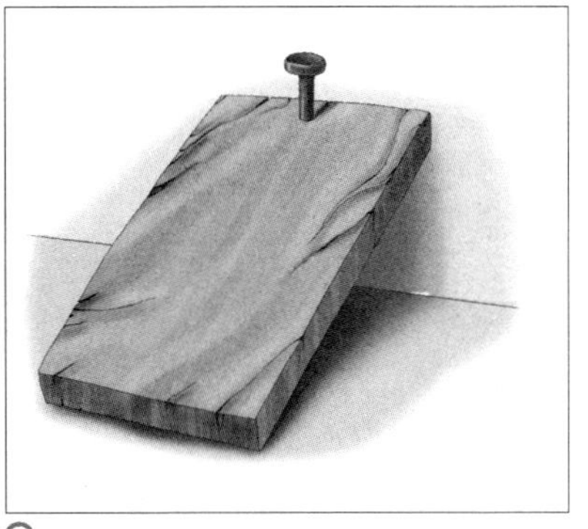

2 在木板的一端用锤子钉入一枚钉子，把木板靠在一个坚固的支撑物上，形成一个斜坡。

3 从冰箱中取出杯子，并把它放在热水中浸一小会儿，取出冰块，这就是“冰川”。然后把“冰川”放在木板的上端，用橡皮筋把它固定在铁钉上。

观察结果：随着“冰川”的融化，木板上出现了怎样的现象？

“冰川”融化时，沙子、小卵石和水一起从斜坡上滑下来。滑过的地方还留有沙子和卵石擦过的痕迹。

13. 制作印模化石

实验目的：制作印模化石模型，了解化石的形成过程.

13.

同学们在自然博物馆中见到过化石吗？化石中保存了古代生物的遗体，具有很高的科学研究价值。虽然我们平常很难找到化石，但却可以使用橡皮泥制作一个化石的模型，来了解化石的形成过程。

★难度级别 0 1 2 3 4 5

准备好

❶小树枝
❷贝壳
❸塑料碗
❹橡皮泥
❺植物油
❻刷子

原理揭示

我们制作的是一个印模化石的模型，模拟的是生物遗体，主要是生物遗体中较软的部分，因为陷落在碎屑沉积物中而留下的印痕。小树枝和贝壳代表了古代生物的遗体。

知道更多

化石是动物或植物死亡后的残体，它们经过了很长时间后，没有腐烂，反而成了地壳的组成部分。化石是地球历史的见证，它记录了地球上曾经出现过的生物以及生物演化的信息，对于研究生命的起源、生物的进化、环境对生物的影响等方面都有重大的意义。

动手做

1 将橡皮泥用手搓软，然后放在塑料碗中，并用手将橡皮泥表面压平，使橡皮泥占满整个碗高度的二分之一。

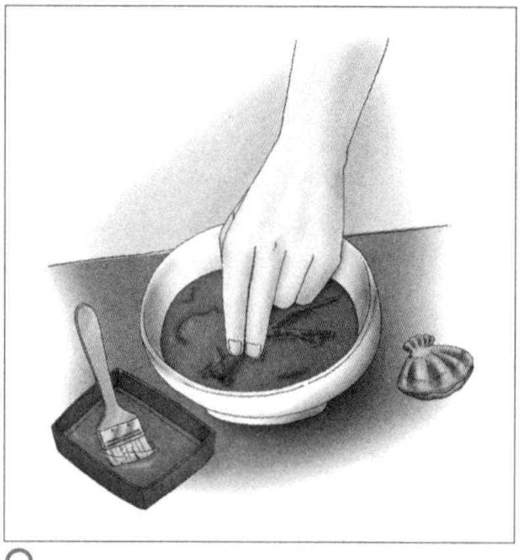

2 用刷子在小树枝和贝壳上抹上一层薄薄的植物油，然后将它们放入橡皮泥中，并向下压，形成清晰、深刻的印迹。

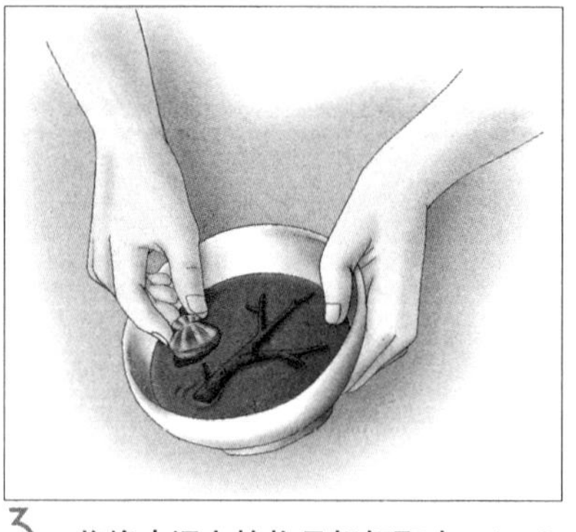

3 将橡皮泥上的物品轻轻取走。1～2天以后，橡皮泥已经变干、变硬。印模化石就形成了。

观察结果：观察你的印模化石，它是什么样子的？

自制的印模化石上已经保存了树枝和贝壳的形状。

实验目的：测试空气的污染程度。

14.

14. 看看空气有多脏

我们总是听人们说起空气污染，可是你见过那些污染空气的物质吗？知道都是什么造成了空气污染吗？你如果想知道空气里面到底有什么脏东西，就来完成下面这个实验吧。

★难度级别 0 1 2 3 4 5

准备好

❶厚厚的硬纸板
❷锥子
❸细绳
❹凡士林
❺放大镜
❻油漆刷

原理揭示

我们在纸板上看到了灰尘和一些黑色的微粒和油污。这些微粒来自于汽车、摩托车的尾气，而油污可能来自于工厂排出的废气。人类生活、烹饪、取暖等活动排出的二氧化碳和颗粒物，工业活动中产生的烟尘和废气，农业生产所用的农药等，都是大气污染的主要来源。

知道更多

美国洛杉矶市区三面环山，很少有风，一年中有二百多天烟雾弥漫。20世纪40年代初，当地每天有二百多万辆汽车排放废气，形成大量的光化学烟雾，严重污染了空气。

动手做

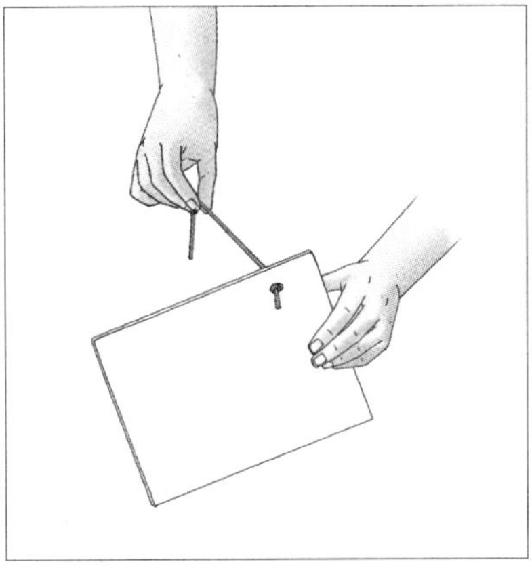

1 用锥子在硬纸板的边缘扎一个孔，剪下一段细绳，将细绳从孔中穿过去，打个双结，牢牢地系在纸上。

2 用刷子在硬纸板上涂一层薄薄的凡士林。

3 将纸板放在室外的道路附近，将纸上的细绳牢牢系在树上，让纸板留在室外一夜。

观察结果：第二天，先用肉眼观察，再用放大镜观察，看看纸上收集了多少脏东西？

实验目的：了解去除石油污染的方法。

15.

15. 清理石油污染

石油是目前所有的污染源中危害较大的一种，一旦泄露，就会造成严重的环境污染。清理大片的石油污染很不容易，但是生活中一些小小的机油污迹，还是有办法清除的。下面的这个实验会告诉你如何去除生活中的机油污迹。

★难度级别 0 1 2 3 4 5

准备好

❶透明的塑料碗
❷凉水
❸温水
❹洗涤剂
❺机油
❻胶皮手套
❼羽毛

动手做

1 在塑料碗中加入一半凉水，在水里倒一点机油，使油浮在水面上。

2 戴上胶皮手套，拿起羽毛，浸入机油中。

3 在另一个碗中，倒入温水，试着洗去羽毛上的油。然后在水中加一些洗涤剂，再清洗羽毛。

观察结果：用温水能洗掉羽毛上的机油吗？加入洗涤剂后，机油被洗掉了吗？

只有加入洗涤剂后，羽毛上的机油才能被洗掉。

原理揭示

因为机油不溶于水，因此用水洗不掉油渍。洗涤剂中含有的化学物质能裹住油分子，将油分解成一粒粒被裹着的油珠。洗涤剂溶于水，所以水能够冲洗掉裹在洗涤剂分子里面的油粒。

知道更多

海洋石油污染会导致鱼贝藻类死亡，破坏海滨生物结构，并影响海洋绿色植物的光合作用。目前，清除海洋石油污染的主要方法是利用微生物分解石油、利用能够氧化碳氢化合物的细菌清除油膜、利用酵母清除石油污染等生物方法。

实验目的：了解真菌繁殖的条件。

16.

■ 准备好

❶土豆
❷带盖的玻璃瓶
❸橡胶手套
❹洗洁精
❺泥土
❻面包渣
❼头发
❽黑纸
❾热水

原理揭示

三个瓶子里都长满了真菌，但它们略有不同：第一个瓶中的真菌喜欢以淀粉（土豆）为食；第二个瓶中的真菌既喜欢吃淀粉（土豆），又喜欢吃糖（面包渣）；第三个玻璃瓶的真菌喜欢吃淀粉（土豆）和蛋白质（头发）。

知道更多

很多真菌对人类是有益的，如制作酱油、醋、酒和霉豆腐等，都要用真菌来发酵。真菌还可以用于生产抗生素、维生素以及酶类药剂。

16. 瓶子里的真菌

我们周围到处都有着真菌存在。这些真菌中，有的可以用眼睛观察到，比如蘑菇，但大多数是肉眼看不到的。让我们在玻璃瓶中培养一些真菌，看看它们的庐山真面目吧。

★难度级别 0 1 2 3 4 5

■ 动手做

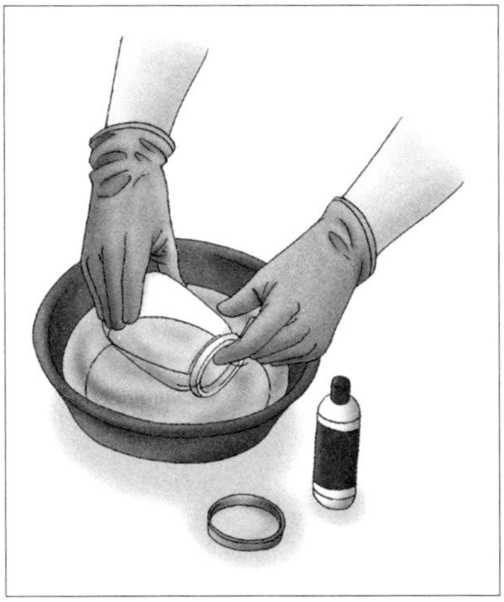

1 戴上橡胶手套，在热水里把玻璃瓶用洗洁精洗干净，然后把盖子拧上。

2 把土豆煮熟后，切成三份，分别放进玻璃瓶里，注意让土豆的切面向上。然后在第一个玻璃瓶中撒一点土，在第二个玻璃瓶中撒点面包渣，在第三个玻璃瓶中放几根头发。

3 在玻璃瓶上贴上相应的标签，然后用黑纸把玻璃瓶包起来，放在一个有阳光的地方。

观察结果：几天后，把玻璃瓶上的黑纸撕掉，观察三个瓶中的土豆表面出现的变化。

实验目的：了解食物发霉的条件。

17.

17. 防霉行动

食物放久了，就会发霉变质。不同种类的物质发霉、腐烂的速度是不同的，同一种物质在不同的环境下，腐烂的速度也是不同的。你知道怎样才能防止物质腐烂吗？做做下面这个实验，你就会找到答案了。

★难度级别 0 1 2 3 4 5

准备好

❶白面包
❷水性涂料
❸油漆刷
❹喷壶
❺水
❻塑料盘子
❼记号笔
❽漂白剂

原理揭示

实验中，涂料和漂白剂中含有的化学成分可以杀死真菌，而且面包上的化学物质隔绝了面包与空气的接触，空气中的真菌基本上无法接触面包。真菌没有了滋生的环境，面包就不会发霉了。水既无法杀死真菌，又不能阻止空气中的真菌与之接触，因此，喷过水的面包腐烂得最快。

原理应用

为了使食品不至于很快腐烂，食品中一般都会添加食用防腐剂。此外，很多食品生产商都会将食品进行真空包装，确保食品不会变质。

动手做

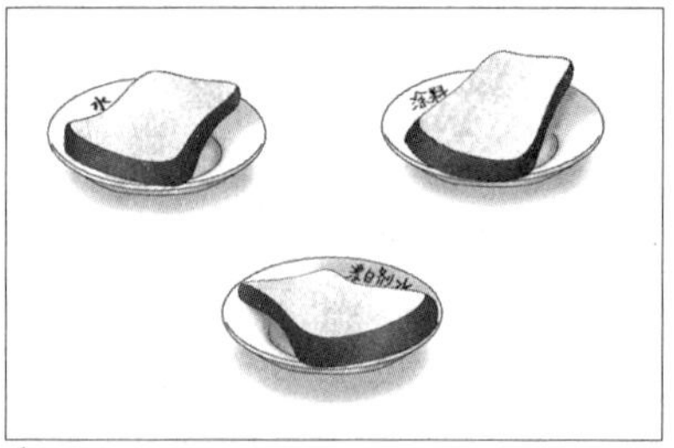

1 用记号笔分别在三个塑料盘子上标出“水”、“漂白剂水”和“涂料”，然后在每一个盘子上放一片白面包。

3 用油漆刷给第三片面包刷上涂料。然后把三个盘子放在温暖的地方。

2 把水喷在“水”字盘里的面包上。然后把漂白剂和水混合起来，喷在标有“漂白剂水”盘中的面包上。

观察结果：过一周左右，观察三片面包有什么不同。

实验目的：认识土壤中的微生物。

18.

18. 土壤里的微生物

土壤中存在着许多肉眼无法看到的微生物。如果想要判定哪些土壤中存在微生物，并且验证它们的成分，那就得对土壤样本进行检测了。今天我们就来进行一项土壤样本的培养实验，看看我们选择的土壤中是否存在着微生物。

★难度级别 0 1 2 3 4 5

准备好

❶玻璃瓶
❷碗
❸锅
❹钳子
❺毛巾
❻沙土
❼盐
❽白糖
❾泡打粉
❿酵母菌
⓫勺子
⓬杯子
⓭冷水和温水

原理揭示

装有盐的瓶子里没有微生物，没有发生任何反应；装有泡打粉的瓶子中，泡打粉与糖发生反应，但泡打粉消耗光后，反应就会停止；装在第三个瓶中的酵母菌是微生物，酵母菌不断地繁殖，瓶子中的土壤一直在翻滚。

知道更多

土壤中的微生物主要包括细菌、真菌、放线菌、藻类以及原生动物等，其中以细菌的数量最多。

动手做

1 把3个玻璃瓶在沸水里煮30秒，然后用钳子取出来，放在毛巾上晾干。

2 在3个瓶子中分别装入沙土，至瓶子三分之一的高度。

3 在3个瓶子中，分别装入2勺盐、2勺泡打粉和碾碎的酵母菌，在瓶子上做出标记。最后将三个瓶子放入冰箱冷冻一夜。

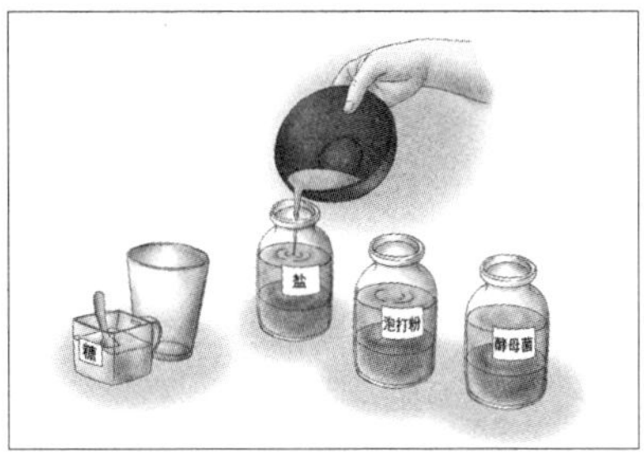

4 第二天，在大碗里配好1/2杯白糖和4杯温水的混合溶液，取出玻璃瓶，将糖水分别加入3个瓶子中。

观察结果：将玻璃瓶放到阳光充足的地方，1小时后，观察玻璃瓶中各出现了什么现象。

“盐”瓶中没有任何现象；“泡打粉”瓶中出现了一些气泡，水有点浑浊；“酵母菌”瓶中不断释放出气泡，瓶底的沙子不停翻滚。

实验目的：观察土壤中的微生物对草叶的分解。

19.

19. 枯草和落叶到哪儿去了

秋天，树叶都落了，小草也枯萎凋零了。即使没有人清扫，时间久了，枯草和落叶也会自己消失得无影无踪。想知道它们到哪里去了吗？那就做做下面的实验吧。

★难度级别 0 1 2 3 4 5

准备好

❶草叶
❷陶土
❸可以密封的塑料袋
❹削尖的铅笔
❺勺子
❻水

原理揭示

土壤中含有的微生物会分解植物的残体。在装有土壤的塑料袋里，由于小草又窄又薄，叶片表面不含蜡质，所以很容易被微生物腐化掉。草叶被分解后，混合在土壤中，变成了养料。

原理应用

利用土壤中的微生物对有机物的分解功能，科学家制造出了腐化堆，用来处理生活垃圾。把剩下的食物、菜叶等垃圾埋在腐化堆中，过一段时间后，微生物就会把垃圾完全分解掉，产生黑色的堆肥。它含有丰富的养分，有助于植物的生长。

动手做

1 在两个塑料袋中各放入一些草叶。将陶土放在其中一个塑料袋中，和草叶混合后密封。另一个塑料袋保持原样，也进行密封。

2 用铅笔在两个塑料袋的侧面扎5～10个气孔。

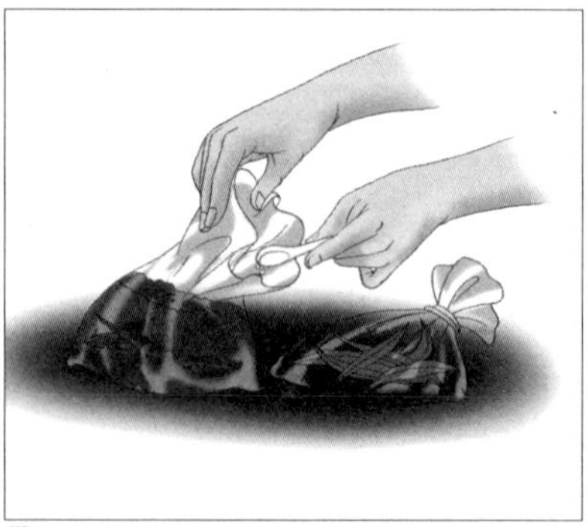

3 把塑料袋放在黑暗的地方，每三天打开袋子一次，放入半勺水。

观察结果：一周后，观察两个塑料袋中的草叶有什么变化，记录下你的观察结果。

有土壤的塑料袋中，草叶越来越少，颜色变深了，已经腐烂。另一个塑料袋中的草叶有些还是绿的，有些颜色开始变深、腐烂。

实验目的：观察不同生物在生物圈中的作用。

20.

20. 玻璃瓶中的生物圈

我们将地球表面有生命的地带称为生物圈，它包括地球上一切植物、动物和微生物以及其赖以生存和发展的环境。在下面的实验中，我们将模拟制造一个生物圈，看看池塘中的生物怎样维持生物圈内的平衡。

★难度级别 0 1 2 3 4 5

准备好

❶带盖的玻璃瓶
❷橡皮泥
❸池塘中的水
❹池塘中的泥
❺水藻
❻水蜗牛

原理揭示

在此生物圈中，水藻依靠阳光、二氧化碳和其他养分生长，并释放出氧气。水蜗牛和细菌吸入水藻释放出的氧气，呼出二氧化碳，供水藻进行光合作用。另外，水底泥土中的生物卵孵化为微小生物，水蜗牛就以水藻和这种小生物为食，细菌则承担起了废弃物的处理工作。

知道更多

食物链是连接生态系统中生产和消费的桥梁。如果生物圈中某种植物灭绝了，那么食物链中与它构成联系的生物数量也会减少，生态系统的平衡就会遭到破坏。

动手做

1 在玻璃瓶的盖上扎1个孔，用橡皮泥把孔封好。在玻璃瓶里装上池塘的水，水面高度达到瓶高的2/3。

2 往玻璃瓶中加入1～4厘米的池塘中的泥，把水藻和水蜗牛放进玻璃瓶中。

3 盖好瓶盖，把玻璃瓶放到室外，观察两周。

观察结果：两周内，玻璃瓶中水的颜色和水中的生物发生了什么变化？记录下观察结果。

玻璃瓶中的水慢慢变清，瓶里出现了一些小生物。水蜗牛栖居在水底，以水藻和这些小生物为食。

实验目的：了解蚯蚓在生物圈内的作用。

21.

21. 蚯蚓栖息地

蚯蚓虽然个头不大，但在生物圈中却非常重要。蚯蚓在地下钻洞，使土壤疏松，外界的养分容易渗入土中，给植物提供充足的养料。下面我们就建立一个有蚯蚓栖息的生物圈，看看蚯蚓到底如何让土地变得更加肥沃。

★难度级别 0 1 2 3 4 5

准备好

❶鱼缸
❷盆栽用土
❸混合肥料
❹有树叶的植物
❺稻草
❻装满水的喷雾器
❼蚯蚓
❽胶带
❾黑纸
❿石子和沙子
⓫针
⓬剪刀

原理揭示

蚯蚓吃进有微生物的土壤和有机物后，将蚓粪排出体外，促使某些微生物大量繁殖。土壤中的微生物多了，分解土壤中腐烂的动、植物尸体的速度也就快了，土壤的肥力自然增加了。

知道更多

蚓粪中的微生物能够吸附大气中的硫化物、氨气等有毒臭气，并将它们分解为无毒无味的气体。一些国家采用蚓粪作为原材料，制成环保的脱臭装置。

动手做

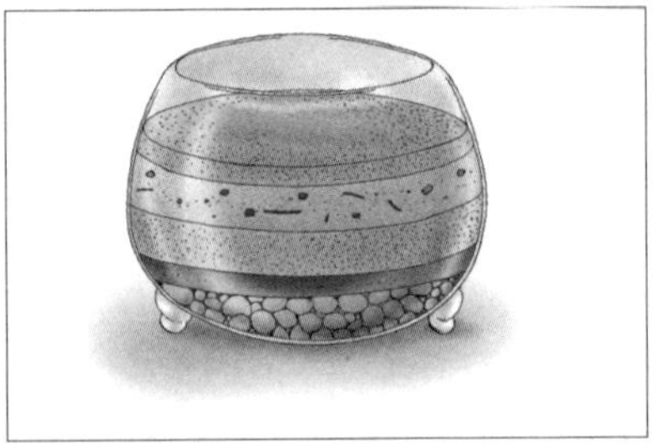

1 在鱼缸内由下向上依次放进2.5厘米厚的石子、1厘米厚的盆栽土、2.5厘米厚的沙子、2.5厘米厚的混合肥料、1厘米厚的沙子。每放进一层东西，都要用喷雾器喷些水在上面。

2 将植物及其叶子剁碎，连同稻草一起放进鱼缸内。用喷雾器喷些水。

3 将蚯蚓放在鱼缸内最上面的一层。

4 把黑纸剪成圆形，盖在鱼缸口上，用胶带固定。在黑纸上扎一些针眼，让空气可以进入鱼缸。每天打开鱼缸的盖子，喷一些水。

观察结果：仔细观察蚯蚓一周内的活动，记录下观察结果。

实验目的：观察植物的发芽、生长过程。

22.

22. 植物的萌芽

大部分植物的种子都是埋在地下，在地下开始萌芽的。不过，我们可以借助透明的玻璃瓶，让种子在瓶中发芽、生长，方便我们观察一下植物的生长过程。

★难度级别 0 1 2 3 4 5

准备好

❶水
❷干燥的黄豆
❸棉花
❹带盖的玻璃瓶
❺细铁丝
❻橡皮泥
❼碗

原理揭示

植物发芽的重要条件就是水分和温度。实验中，棉花中的水分和玻璃瓶中的空气，为黄豆的萌芽创造了条件。依靠储藏在种子中的养料，黄豆开始发芽，表皮渐渐被顶破，不断长出许多根须，根的须部也慢慢长出了茎。

原理应用

了解植物生长需要的条件，人们就可以利用塑料大棚进行人工种植了。阳光可以透过塑料照射，提供植物生长所需要的阳光。这样的话，即使在寒冷的冬天，人们也能吃到新鲜的蔬菜和水果了。

动手做

1 碗中盛满水，把黄豆浸在水里一天。然后将细铁丝竖着从黄豆中穿过去。

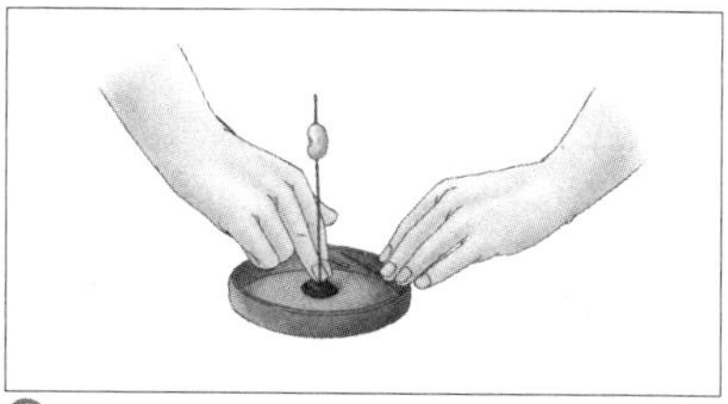

2 在细铁丝的一端粘上橡皮泥，把它固定在玻璃瓶盖上。

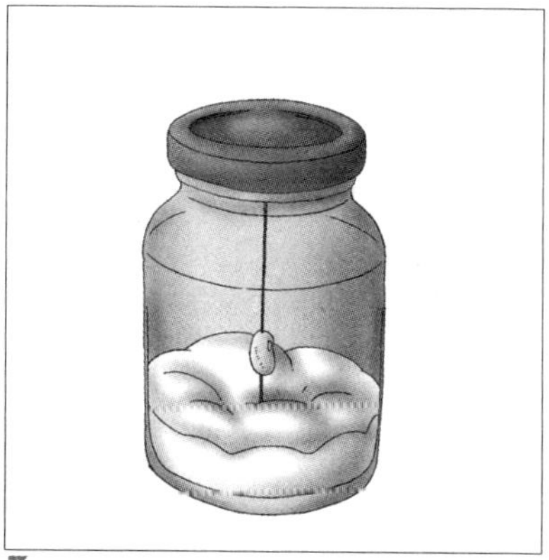

3 在玻璃瓶中放入浸湿的棉花，然后盖上瓶盖，留出一些缝隙，方便空气出入。注意让黄豆有芽的部分朝上。最后把玻璃瓶放在温暖的地方。

观察结果，放置10天，定时续水和观察，将观察结果记录下来。

实验目的：比较单子叶和双子叶植物萌芽的不同。

23.

23. 种子植物的萌芽

种子植物分为单子叶植物与双子叶植物两类。单子叶植物仅生长一枚子叶；而双子叶植物生长两枚子叶。菜豆和萝卜都是双子叶植物，玉米是单子叶植物。下面我们就来看看它们萌芽的不同之处。

★难度级别 0 1 2 3 4 5

■ 准备好

❶菜豆种子
❷玉米粒
❸萝卜籽
❹玻璃罐
❺棉花
❻水

原理揭示

菜豆与萝卜都是双子叶植物，种子内部包含了两片子叶，萌芽时，两片子叶卷曲在一起；玉米是单子叶植物，种子中只包含一片子叶，萌芽时叶子卷曲，但茎会直伸出来。

知道更多

种子植物可分为双子叶植物和单子叶植物两大类。双子叶植物包括绝大多数的乔木，许多果类、瓜类、纤维类、油类植物以及许多蔬菜；单子叶植物包括很多种粮食植物，如水稻、玉米、小麦、高粱等。

■ 动手做

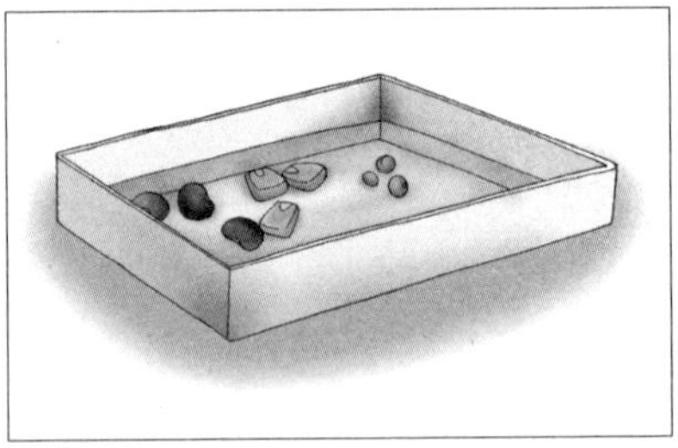

1 取出菜豆种子、玉米粒与萝卜籽种子各三粒，把它们在水里泡一夜。

2 向玻璃罐里塞入尽可能多的棉花。把9粒种子塞在玻璃与棉花之间。注意让它们处于玻璃罐中间的高度，其中同类的3粒种子放在一起。

3 向玻璃罐里加一点水，用手把棉花向下按几次，使水完全被棉花吸收。然后把玻璃罐放在一个温暖明亮的地方。

观察结果：几天以后，观察各组种子的变化，将实验结果记录下来。

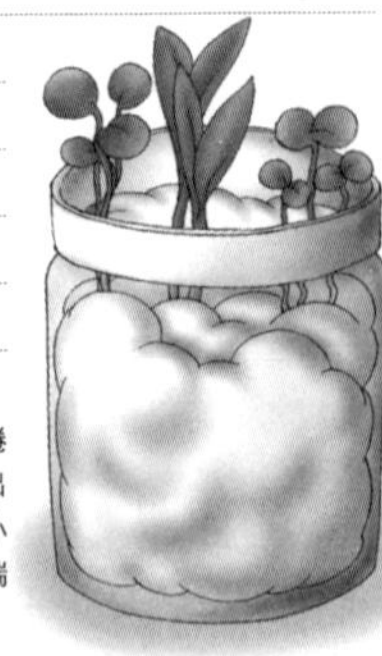

菜豆与萝卜籽萌芽蜷曲着从种子里钻出来，萝卜籽的芽要小一些。玉米的芽顶端打卷，形状笔直。

实验目的：认识植物叶脉的结构。

24.

24. 叶脉长得什么样

拿起一片叶子仔细观察，你会发现叶面上布满了细小的管道，有规律地向外延伸，这种脉络称作叶脉。在下面的实验中，我们用染料给叶脉着完色， 就可以清楚地看到叶脉的纹络了。

★难度级别 0 1 2 3 4 5

准备好

❶植物叶片
❷洗衣粉
❸染料
❹水
❺酒精灯
❻铁架台
❼石棉网
❽烧杯
❾筷子

原理揭示

植物的叶脉是由贯穿在叶肉内的纤维管束和其他一些组织构成的。因此，叶脉的内部就像管道一样，彼此是互通的。有色溶液一旦进入叶脉，就会沿着网状结构流遍叶脉各处，形成我们看到的有色的叶脉纹络。

原理应用

植物的叶脉分为平行脉、网状脉和叉状脉等几种。一般说来，单子叶植物的叶脉大都是平行的，双子叶植物的双叶脉呈网状，叉状脉多出现在比较原始的蕨类叶片上。

动手做

1 在烧杯中加入500毫升水和50克洗衣粉，搅匀，在酒精灯上煮沸。

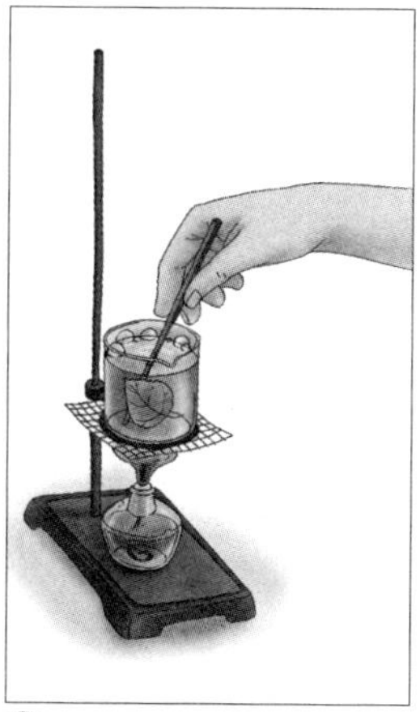

2 将树叶投入煮沸的液体中，用筷子搅拌。

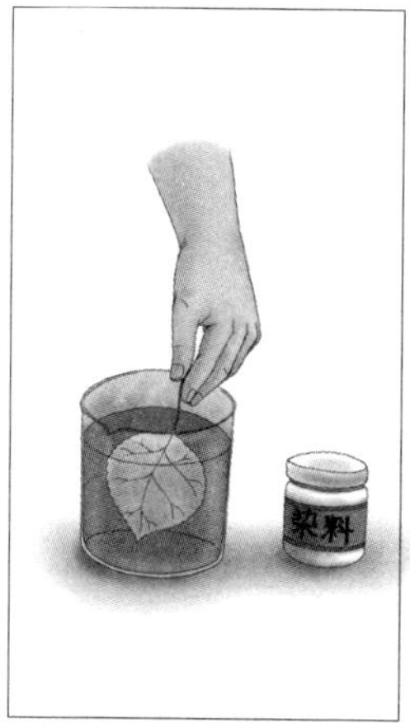

4 用染料调好染液。将叶子浸入染液中，过一会儿捞出，晾干。

3 3分钟后关掉酒精灯，液体冷却后将树叶捞出，用清水洗净。

观察结果：观察叶子的变化，记录实验结果。

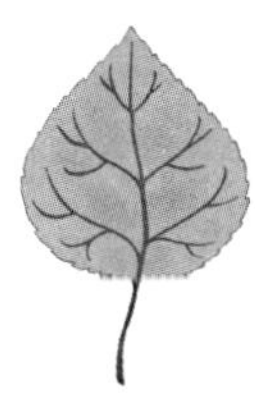

实验目的：了解水在植物的茎、叶、花中的传输过程。

25.

25. 改变花的颜色

通过人工培育，花卉的颜色可以发生改变，变得更加丰富。这些花是怎么改变颜色的呢？其实很简单，利用花朵“喝”水的过程，我们就可以随意地让花朵来改变颜色。

★难度级别 0 1 2 3 4 5

准备好

❶玻璃杯

❷红、黄、蓝、紫四种食用色素

❸剪刀

❹带枝干的白色鲜花

❺水

原理揭示

实验中，有色溶液从花的茎部流向花的各处，进入花的细胞内，使花呈现出所吸入的溶液颜色。而浸在两种液体中的花，吸收了两种不同颜色的溶液，因此花朵呈现出了两种颜色。

知道更多

植物吸收的水分是从花茎由下向上输入花瓣的。所以，人们从花店买回鲜花后，会立刻把花浸在装有水的花瓶中，这样鲜花才能吸收水分，继续生长。如果将花的茎部剪成斜面，还可以使花吸收更多的水分，延迟它的凋谢速度。

动手做

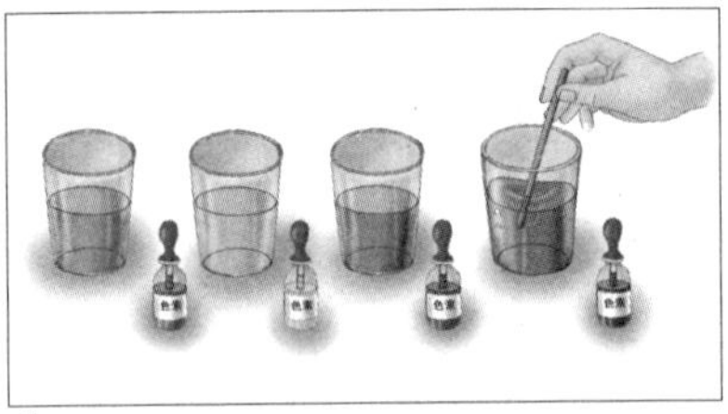

1 将红、黄、蓝、紫4种色素分别倒进4个杯子中，加水，搅拌均匀。

2 将两枝花的茎部分别浸入黄色和蓝色溶液中。

3 取另一枝花，用剪刀将它的茎部剖成两半，分别插进红色和紫色溶液。

观察结果：观察玻璃杯里的花，看看它们的颜色分别出现了什么变化。

插进黄色溶液中的花颜色变黄了，插入蓝色溶液中的花变蓝了。同时放进红色和紫色溶液中的花一半是红色，一半是紫色。

实验目的：认识植物的顶端优势。

26.

26. 植物的顶端为什么长得快

细心的同学们会注意到，一些植物在生长时，顶端的枝干会长得很快，越往下的枝干则长得越慢，整个树冠常表现为宝塔形。这其中有什么科学道理呢？完成下面的实验，你就会找到答案了。

★难度级别 0 1 2 3 4 5

准备好

❶菜豆种子
❷装有泥土的花盆
❸皮尺
❹剪刀
❺装满水的喷壶
❻用于记录的纸和笔

原理揭示

顶芽产生的生长素在向下运输时，会大量积累在侧芽部位，反而抑制了侧芽的生长，这就是植物的顶端优势。摘掉顶芽后，侧芽部位的生长素浓度降低了，生长速度就会变快。实验中，豆苗开始生长时，顶芽的生长速度要远远大于侧芽，摘除顶芽后，侧芽的生长速度明显加快了。

原理应用

修剪园林时，常常会利用植物的顶端优势原理，对花卉、树木进行整形修剪。比如，有时为了矮化盆栽花卉，园林工人会剪去主枝的顶端。

动手做

1 将菜豆的种子种在花盆里，放在阳光充足、通风条件好的地方，适量浇水，使它发芽。

2 菜豆发芽后，观察顶芽和侧芽的生长情况，每天用皮尺测量顶芽和侧芽生长的长度，并记录。

3 等豆苗长到第五节的时候，将第三节以上的部分剪掉，再观察并记录顶芽和侧芽的生长情况。

观察结果：将实验结果记录下来。

实验目的：认识春化作用对植物开花的影响。

27.

27. 春化作用

植物在什么时候开花，会受到外界条件的影响，春化作用就是影响植物生长的重要因素之一。春化作用是指一些高等植物必须经过一定程度的低温诱导，才能开花。下面就让我们看看春化作用是怎样让植物开花的。

★难度级别 0 1 2 3 4 5

准备好

❶芹菜
❷温室
❸细橡皮管
❹自来水
❺脸盆

动手做

1 将两株芹菜种植在温室内。

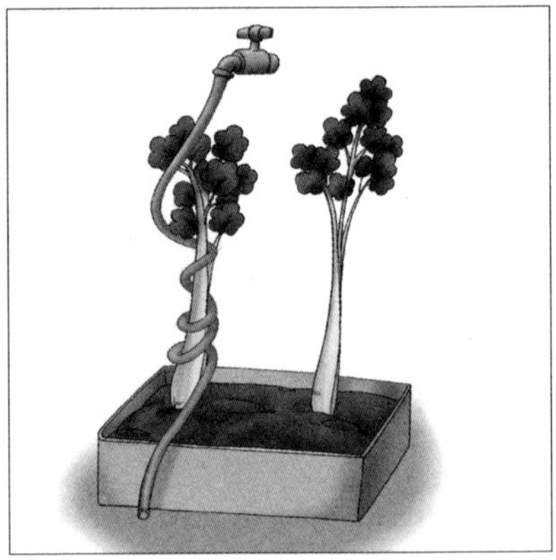

2 把细橡皮管缠绕在其中一株芹菜上。将芹菜上的橡皮管上端与自来水龙头连接，下端的下面放一个脸盆接水，备作他用，不要浪费。

3 每天向橡皮管中通约5个小时的自来水，对芹菜进行低温处理，持续20天。

观察结果：20天以后，观察两株芹菜的开花情况。

原理揭示

在自然条件下，大多植物必须经历冬天一定程度的低温，才能在来年的春天开花，这就是春化作用。实验中，用冷水连续对芹菜进行了20天的低温处理，使芹菜提早完成春化作用，不久就开花了。另一株芹菜没有经过低温处理，暂不会开花。

原理应用

我国北方的冬小麦，在经历了一个冬天后，第二年就会开花结穗。如果缺苗，这时就要补种。但是，补种的小麦需要经过春化作用，于是农民会将补种的种子浸泡在冷水里，使麦种完成春化作用，保证其开花结穗。

实验目的：认识植物的光周期。

28.

28. 光让花开放

自然界中的花，开放的时期和时间各不相同，是什么在控制它们开放的时间呢？原来花朵能根据接受光照时间的长短来决定开花时间，这就是植物的光周期。借助下面的实验，我们一起来看看苍耳的光周期吧。

★难度级别 0 1 2 3 4 5

准备好

❶苍耳（一种植物）
❷暗室
❸两种颜色的丝带
❹暗室
❺100瓦的电灯

原理揭示

植物能准确感知自然界昼夜长短的变化，并能在特定的时段开花，这就是植物的光周期。苍耳是短日照植物，即当日照变短时就会开花。实验中，苍耳连续三天接受17个小时的照明，第四天照明时间变短为14小时的苍耳就会开花，而仍然接受17个小时照明的苍耳还没有开花。

原理应用

认识植物的光周期，对于人们栽培观赏性花卉有重要的意义。人们可以根据自己的意愿，改变植物的光周期，使花在我们的控制下，在节日或庆典的时候开放。

动手做

1 布置一间暗室，每天使用电灯照明17个小时。

2 在两株苍耳的花盆上分别系上红色和黄色的丝带，区分开。然后将两株苍耳放进暗室。

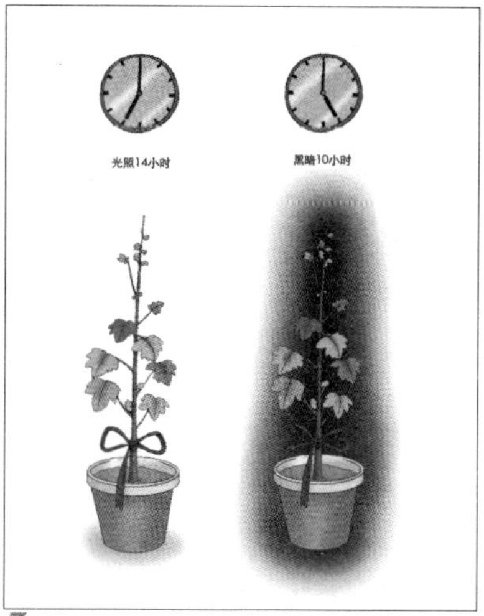

3 将苍耳在暗室中培养三天。第四天，将其中一株苍耳给予14小时光照和10小时黑暗，再放回到暗室培养。

观察结果：观察两株苍耳，看看哪株先开花。

实验目的：测试植物的向光性。

29.

29. 让豌豆走迷宫

我们都知道，向日葵总是向着太阳的方向转动。实际上，除了向日葵外，其他植物在生长过程中也会追寻阳光的方向。下面就让我们给豌豆的种子设一个迷宫，看看它能否在阳光的指引下走出迷宫。

★难度级别 0 1 2 3 4 5

准备好

❶鞋盒
❷豌豆种子
❸硬纸片
❹装满水的喷壶
❺花盆
❻肥料
❼剪刀

原理揭示

受植物体内生长素的作用，植物的芽和叶子会向着有阳光的方向生长，这就是植物的向光性。实验中的豌豆种子就是为了朝向阳光照射的地方生长，才会长得弯弯曲曲的。

原理应用

既然植物有向光性，我们养花的时候就应该经常转一下花盆的方向，让花的各个部分都能接受阳光的照射，这样花才会长得匀称。否则，花的枝叶就会向着有阳光的地方倾斜、伸展，时间久了，花就会长偏了。

动手做

1 将豌豆种子在水中浸泡一天。然后在花盆中放入肥料，将种子种上，浇水。

2 在鞋盒的顶端裁剪出一个长方形口子。从鞋盒顶端向下，每隔5厘米，在鞋盒的一侧插一张硬纸片。硬纸片的位置呈左右两侧交叉排列。

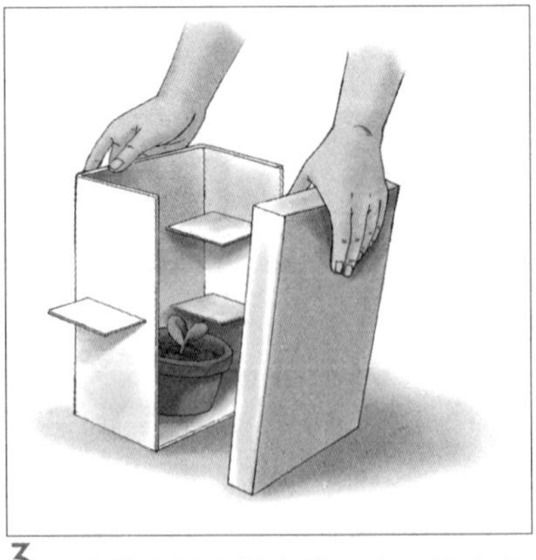

3 将花盆放在鞋盒的下方，盖上盒盖，把鞋盒摆在温暖、明亮的地方。

观察结果：当豌豆苗从鞋盒顶部长出来以后，拿出花盆，观察豌豆的茎。把实验结果记录下来。

实验目的：认识植物成长中的单盐毒害现象。

30.

30. 营养液中的小麦

植物生长除了需要阳光、空气和水以外，还需要各种无机盐来满足自身的生理活动。但是，植物只有吸收多种无机盐，才能健康成长，否则就会中毒。在下面的实验中，我们就以小麦为例，来探究一下其中的原因吧。

★难度级别 0 1 2 3 4 5

准备好

❶氯化钠溶液（6克氯化钠溶解在50毫升蒸馏水内）
❷氯化钙溶液（14克氯化钙溶解在50毫升蒸馏水内）
❸蒸馏水
❹小麦种子
❺烧杯
❻瓷盘
❼吸水纸
❽量筒
❾标签纸和笔

原理揭示

实验中，浸泡在氯化钠溶液和氯化钙溶液中的小麦，因为受到单盐的毒害，生长得不好，而混合溶液中的小麦吸收了两种金属盐，所以生长得很好。

原理应用

人们在培育植物时，会选择几种生长所需要的无机盐类，按照一定的比例配成溶液，让植株能够吸收到多种无机盐。

动手做

1 分别配置三种溶液：第一种为5毫升氯化钠溶液加95毫升蒸馏水；第二种为5毫升氯化钙溶液加95毫升蒸馏水；第三种为5毫升氯化钠溶液、5毫升氯化钙溶液，再加95毫升蒸馏水。在烧杯上做出标记。

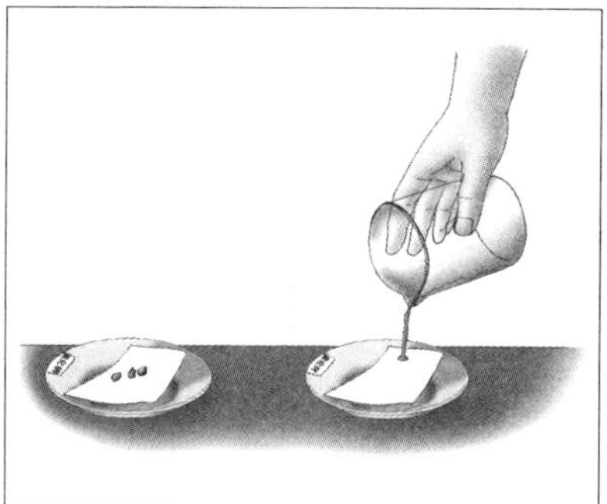

2 在三个瓷盘里铺上吸水纸，用三种溶液分别润湿三个盘中的吸水纸，然后在每个盘子中各放几粒小麦种子。在盘子上做出标记。

3 将三个盘子放在温室内，使种子萌发。注意随时补充对应的溶液，保持吸水纸的湿润。

观察结果：小麦发芽后，观察三个盘子中小麦的生长情况。将观察结果记录下来。

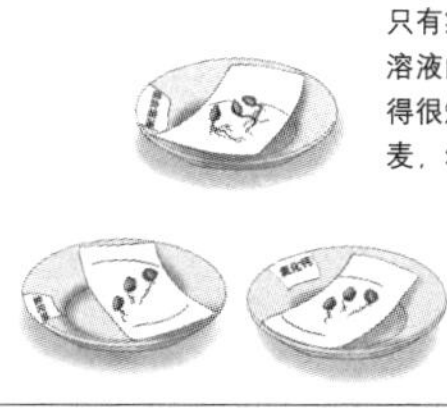

只有氯化钠溶液或氯化钙溶液的小麦，幼苗的根生得很短；用混合溶液的小麦，幼苗的根生得很长。

实验目的：了解果肉中的抑制剂对种子的影响。

31.

31. 厉害的苹果

种子发芽时，会产生很大的冲力。但是，一片小小的苹果，竟然可以阻止旱金莲的种子发芽。苹果为什么有这么大的本事呢？完成下面的实验，你就明白苹果的“秘密”了。

★难度级别 0 1 2 3 4 5

准备好

❶旱金莲种子
❷盘子
❸脱脂棉
❹装满水的喷壶
❺一片苹果
❻透明塑料袋

原理揭示

自然界中，许多水果的果肉都含有可以抑制种子萌芽的物质，所以水果中的果核不会发芽。只有果肉完全腐烂以后，抑制剂才会失去作用，种子才能得到氧气和水分，发芽生长。

知道更多

当植物具备了生长条件，但却没有发芽时，除了可能是被抑制剂抑制了萌芽的生长以外，还有可能是植物进入了休眠期。偏低的温度会使植物进入休眠状态。因此，在夏季或是秋季已经成熟的种子，进入冬季后不会萌芽，只有在第二年的春天，才能萌芽。

动手做

1 在盘子上放一片苹果，在盘子和苹果片之间铺一层脱脂棉。然后用喷壶在脱脂棉上喷洒一些水。

2 把旱金莲的种子均匀地撒在湿润的脱脂棉和苹果片上。

3 把盘子放进透明塑料袋中。把塑料袋放在一个阳光充足、温暖的地方。

观察结果：几天后，观察盘子里的旱金莲种子，它发芽了吗？

脱脂棉上的旱金莲种子发芽了，但苹果片上的种子没有发芽。

实验目的：了解植物的无性繁殖方式。

32.

32. 没有种子也能发芽

并不是所有的植物都依靠种子才能发芽，有些植物可以利用它们的根、茎或叶来萌芽，形成新的植株个体，比如土豆、红薯等。我们称这种繁殖为无性繁殖。下面我们就来了解一下植物的无性繁殖是怎么发生的。

★难度级别 0 1 2 3 4 5

准备好

❶土豆
❷洋葱
❸四乙基秋兰姆生根激素
❹胡萝卜
❺玻璃杯
❻碟子
❼刀
❽牙签
❾水

原理揭示

土豆、胡萝卜与洋葱都可以进行无性繁殖。土豆实际上是一块茎，它表面的小坑，即土豆的芽眼，就是它的无性繁殖器官，每一个芽眼都可以成长为新的土豆植株。胡萝卜果实是胡萝卜植株的根，也是它的无性繁殖器官，而洋葱植株也是借助洋葱的鳞茎来完成无性繁殖的。

原理应用

人们常用扦插、嫁接等营养生殖的方法来繁殖果树，以保持植物体的优良性状。

动手做

1 把土豆切成两半，把胡萝卜的顶部切下来。在半个土豆、胡萝卜的上半部分和洋葱里分别插入几根牙签。

2 在碟子里放上一大勺生根激素，把土豆与胡萝卜的切面分别在生根激素中蘸一下。把生根激素涂在洋葱上带有麻点的一面。

3 在3个玻璃杯中分别倒入水。把土豆、胡萝卜、洋葱分别放在玻璃杯里面，使土豆与胡萝卜的切面刚好与水面接触，洋葱带有麻点的一面浸没在水面以下。然后把三种植物放在一个阳光充足、温暖的地方。每天给植物浇水。

观察结果：一周后，观察这三种植物，并将观察结果记录在下面。

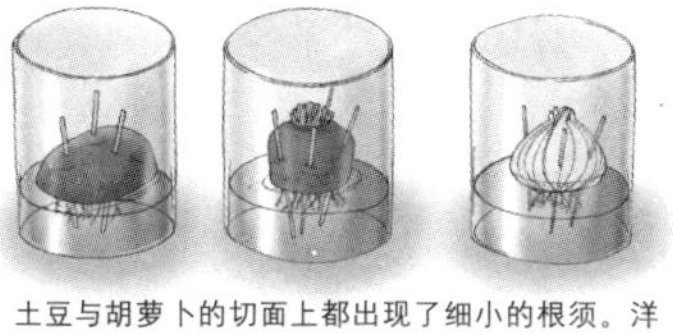

土豆与胡萝卜的切面上都出现了细小的根须。洋葱有麻点的一面上也出现了像毛发一样的根须。

实验目的：认识植物细胞的特化现象。

33.

33. 让植物的叶子来发芽

植物除了可以靠种子、根、茎发芽以外，还可以利用叶子发芽。一些植物的叶子脱离了树干后，又可以重新作为根来发芽、生长，长成一棵新的植物。在下面的实验中，就让我们一起来看看植物是怎么靠叶子发芽的。

★难度级别 0 1 2 3 4 5

准备好

❶蔓绿绒的叶子
❷天竺葵的叶子
❸草本植物落地生根
❹盘子
❺四乙基秋兰姆生根激素
❻水

原理揭示

这种叶子发芽的现象，是植物细胞的特化现象。落地生根、蔓绿绒、天竺葵的叶子在脱离母体后，叶子中的细胞会在适宜的条件下变成根细胞。蔓绿绒和天竺葵的叶片都长出了根须，而落地生根的叶片变成了根，并从根部长出新的植物株。

原理应用

植物细胞的特化现象给人带来了启发，人们开始大力研究利用植物器官培养植物的方法。现在，很多花卉、林木、果树和蔬菜都采用这种方法进行大规模的种植。

动手做

1 在盘子里倒满水，把边缘蘸有生根激素的落地生根叶子放在水里。

2 从蔓绿绒与天竺葵的植株上分别摘一片叶子，叶子上留4～5厘米的柄。然后把这些叶子放在盘子边缘，让柄的切面浸在水里。

3 把盘子放在阳光充足、温暖的地方，每天给盘里的叶子浇水。

观察结果：几天后，观察盘中的植物叶片有什么变化，将实验过程和结果记录下来。

实验目的：检测植物的蒸腾作用。

34.

34. 植物的蒸腾作用

植物吸收的水分，绝大部分都通过蒸腾作用散失到环境中。蒸腾作用的主要方式是气孔蒸腾。植物叶片表面分布着大量的微小气孔，通过这些气孔散失的水分占整个蒸腾作用散失水量的90%以上。

★难度级别 0 1 2 3 4 5

准备好

❶一盆菊花
❷较大的塑料袋
❸装有水的喷壶
❹胶带

原理揭示

植物经过蒸腾作用，将从土壤中吸收的水分，沿根部导管向茎、叶，经叶面气孔向空气中释放，以水蒸气的形式散失到体外。当水蒸气遇到塑料袋时，由于塑料袋上的温度较低，水蒸气便凝结成了小水珠。

知道更多

在一天之中，从日出后直到下午2点前后，蒸腾作用逐渐增强，继而达到高峰。下午2点以后，由于光照逐渐减弱，植物体内水分减少，气孔逐渐关闭，蒸腾作用随之下降。日落后蒸腾作用降到最低点。

动手做

1 给菊花浇足够的水。

2 将塑料袋套在菊花上，用胶带将开口封严。

3 将菊花放在阳光处照射。

观察结果：几小时后，观察塑料袋里有什么变化。

实验目的：测试植物的光合作用。

35.

35. 植物的光合作用

绿色植物在光下把二氧化碳和水合成有机物，同时释放出氧气，这就是植物的光合作用。光合作用的产物是地球上几乎大多数生命体赖以生存和繁衍的基础。下面我们就来做个实验，看看植物是怎样进行光合作用的。

★难度级别 0 1 2 3 4 5

准备好

❶高玻璃杯
❷水草
❸水
❹碟子
❺记号笔
❻尺子

原理揭示

水草的叶子含有叶绿素，可以利用阳光，将水分子分解成氢原子和氧原子，氧原子、氢原子又与二氧化碳发生反应，生成氧气和葡萄糖。这样，水草就完成了一系列的光合作用。氧气将玻璃杯中的水排出，水进入了碟子中，因此玻璃杯中的水面就越来越低。

知道更多

据估计，地球上的绿色植物每年大约制造四五千亿吨有机物，几乎为地球上所有生物的生存提供了能量来源。

动手做

1 将一根水草放入玻璃杯中，向杯中倒满水。

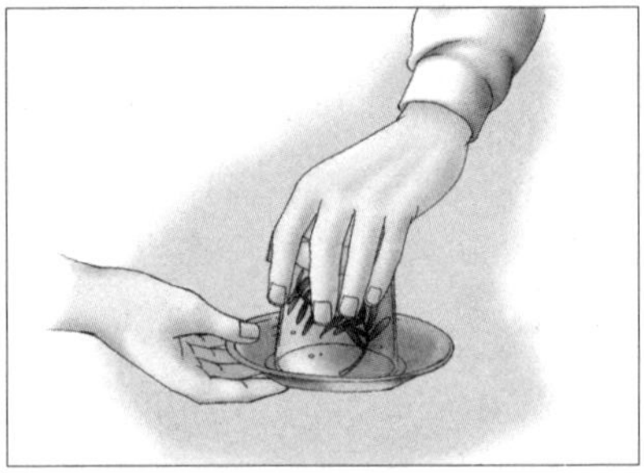

2 将碟子盖在玻璃杯上，用手按住碟子，迅速翻转。这时，会有少量的水从玻璃杯中流出来，立刻向碟子中加水，以阻止水从玻璃杯中流出。

3 在玻璃杯的顶部，会有空气出现，用记号笔标记出水面的高度。然后把玻璃杯放在一个阳光强烈的地方。每隔1小时，标记一次水面高度。

观察结果：两个小时后，观察玻璃杯上的标记，用尺子测量出两个标记之间的长度。记录下实验结果。

玻璃杯中的水变少了，碟中的水增加了。

实验目的：认识植物的呼吸作用。

36.

36. 植物也呼吸

植物也要呼吸吗？是的，呼吸作用是高等植物的重要生理功能，分有氧呼吸和无氧呼吸两大类型。在正常情况下，有氧呼吸是高等植物呼吸的主要形式。下面就让我们进行一个简单的试验，看看植物是怎么呼吸的。

★难度级别 0 1 2 3 4 5

■ 准备好

❶广口瓶
❷带孔的软木塞
❸温度计
❹小麦种子
❺凡士林

原理揭示

植物的呼吸作用在产生能量的同时也释放出热量。由于瓶子呈密封状态，热量不能散发出去，导致瓶子内的温度上升，而温度的增加进一步促使种子进行更强的呼吸作用。周而复始，瓶子里的温度就会逐渐升高了。

原理应用

调控植物的呼吸作用，可以帮助人们贮藏农作物的种子。植物的呼吸强度高，释放出的热量就多，易导致种子发热霉变。只有采用通风和密闭的方法，降低种子的呼吸作用，使种子含水量保持在8～16%，才能保证贮藏的安全。

■ 动手做

1 **将小麦种子装进广口瓶。**

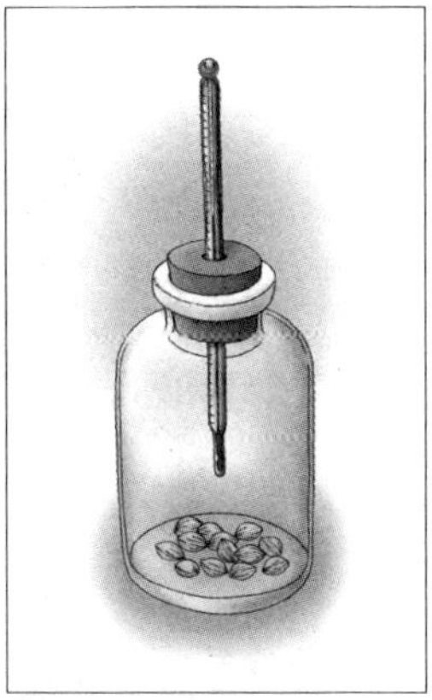

2 **把软木塞塞进瓶口。将温度计插进木塞的孔中。**

3 **用凡士林将小孔周围涂抹均匀，使其密封。**

观察结果：每隔10分钟，记录温度的示数，观察瓶内温度的变化。

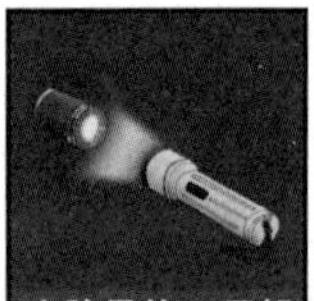

实验目的：了解猫眼在黑暗中发亮的原因。

37.

37. 在黑暗中发亮的猫眼

在黑暗中，我们总是能看到猫的眼睛在闪闪发光。猫在夜间能够活动自如，靠的就是这对发光的眼睛。猫眼究竟有什么特殊结构，能够在黑暗中清晰地辨别物体呢？一起完成下面的实验，你就能找到答案了。

★难度级别 0 1 2 3 4 5

准备好

❶手电筒
❷剪刀
❸胶带
❹彩色纸
❺空易拉罐

原理揭示

猫的眼睛里有一层特殊的薄膜，叫反光膜。反光膜能够对光进行反射，而且能够在光线微弱时，将瞳孔放大，增强反射光线，使猫能够看清黑暗中的物体。实验中，当手电筒的光照向椭圆形开口时，易拉罐底部的铝箔会将光线反射回来。易拉罐的底部与猫眼中的反光膜相似，所以反射出的光线特别明亮。

原理应用

模仿猫眼的结构，科学家们研制出了微光夜视仪。它可以利用月光、星光等微弱光线，将微光放大，清晰地观察目标。微光夜视仪主要应用于军事领域。

动手做

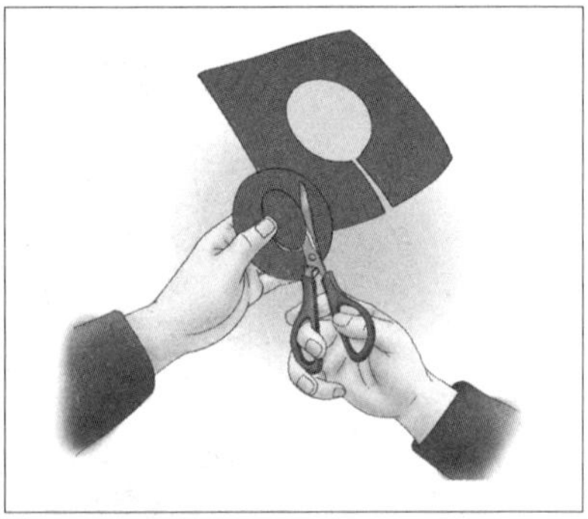

1 把彩色纸剪成圆形，圆形的大小正好能盖住易拉罐的开口。然后在圆形纸的中间，剪一个椭圆形的开口。

2 将易拉罐上面的盖剪掉，用胶带把圆形纸粘在易拉罐的开口处。

3 在黑暗的房间内，打开手电筒，照射易拉罐彩纸上椭圆形的开口。

观察结果：打开手电筒以后，椭圆形开口处出现了什么现象。

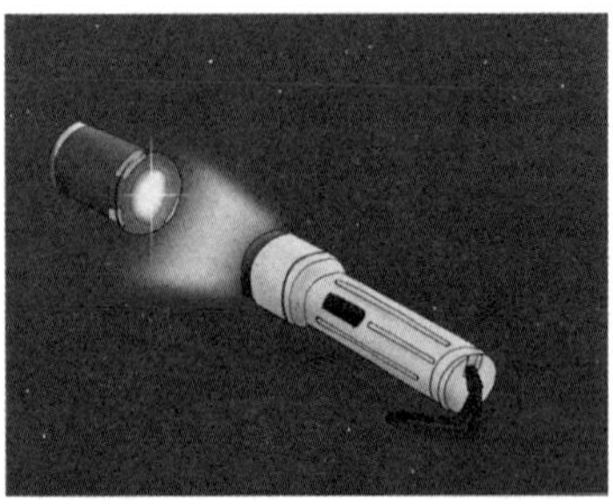

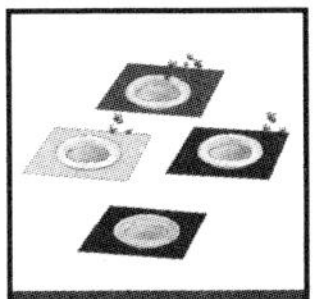

实验目的：认识蜜蜂的复眼。

38.

38. 招蜂引蝶的糖水

春天到了，花儿都开了，蜜蜂也开始忙着采蜜了，但是蜜蜂看到的花的颜色和我们看到的是不同的。蜜蜂喜欢什么颜色呢？让我们通过下面的实验，对蜜蜂进行一次颜色分辨能力的调查吧。

★难度级别 0 1 2 3 4 5

准备好

❶黄、红、蓝、黑四种颜色的纸
❷圆规
❸一杯水
❹碟子
❺糖
❻剪刀

原理揭示

蜜蜂的眼睛是由许多独立的小眼紧密排列成的，叫做复眼。蜜蜂的复眼能看到许多我们看不见的颜色，甚至能看到紫外线。实验中，蜜蜂能看到黄纸和蓝纸上的碟子中反射的色光，因此这两个碟子中的糖水会吸引它。红色光能够反射大量的紫外线，也可以吸引蜜蜂。蜜蜂看不见黑色，所以黑纸上碟中的糖水无法吸引它。

原理应用

人们根据复眼的结构特点和工作原理，制造出一种叫做“偏振光天文罗盘”的仪器，用以为船舶和飞机导航。

动手做

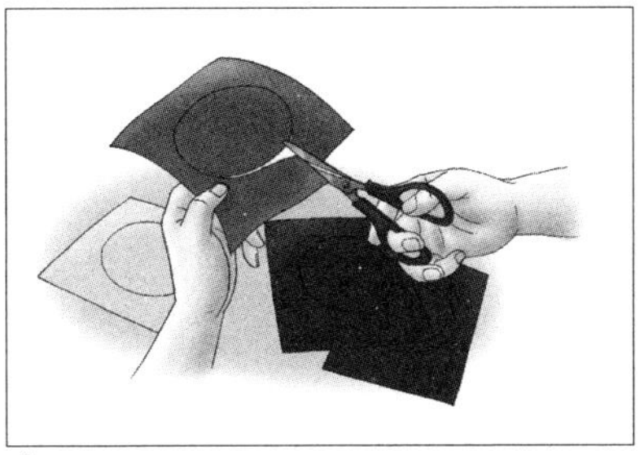

1 **用圆规在不同颜色的纸片上各画一个直径15厘米的圆，用剪刀剪下来。**

2 **在4个碟子中都加入糖和水，进行搅拌，让糖溶解在水中。**

3 **把不同颜色的纸片放在屋子外，在每张纸片上放一个小碟子。**

观察结果：观察哪种颜色的碟子招来的蜜蜂最多。

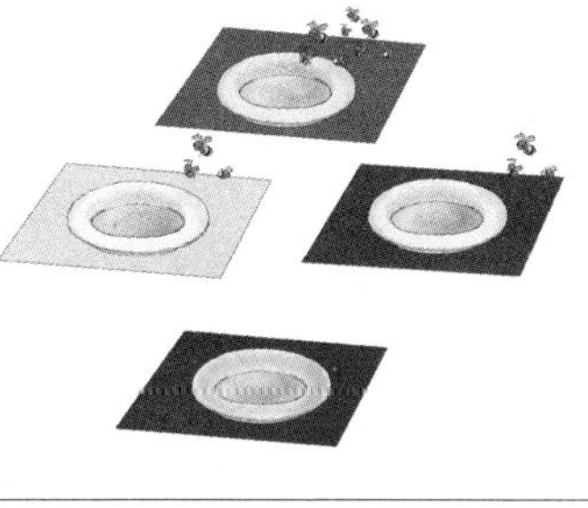

实验目的：了解皮毛和脂肪的保暖作用。

39.

39. 动物的保暖外衣

冬天来了，凛冽的寒风迫使我们穿上了厚厚的大衣，而动物们却和平常一样在室外活动，生活在极地的动物耐寒能力就更强了，这是为什么呢？下面我们就进行一个实验，看看脂肪和毛皮是怎么抵御严寒的。

★难度级别 0 1 2 3 4 5

■ 准备好

❶纸板
❷胶带
❸塑料袋
❹冰块
❺黄油
❻没用的毛皮衣料
❼温度计
❽笔

原理揭示

底部铺了毛皮和黄油的纸筒，冰块的寒气不能迅速传到纸筒最底部，所以纸筒底部的温度与常温接近；二者单独使用时，不像一起用时那么保暖，所以纸筒底部的温度稍低一些；如果底部没有脂肪和毛皮的遮挡，冰块的寒气就可传到纸筒底部，所以纸筒底部温度低。

原理应用

科学家们根据北极熊皮毛的结构，研制出了一种人造中空纤维。这种纤维重量轻，弹性高，保温好，使用它制作的羽绒服也具有超强的抗寒能力。

■ 动手做

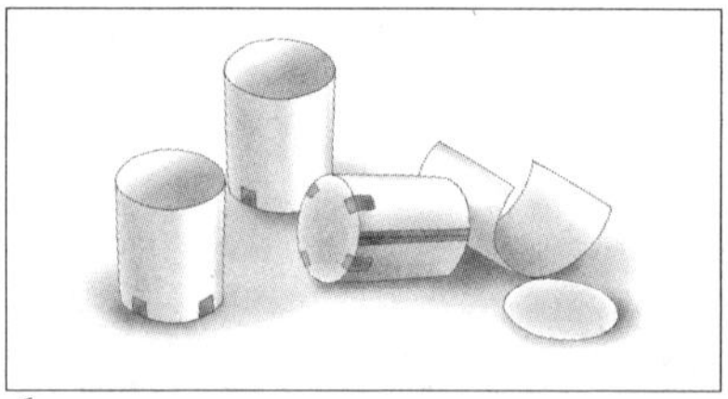

1 用纸板和胶卷做成4个大小相同的有底纸筒。

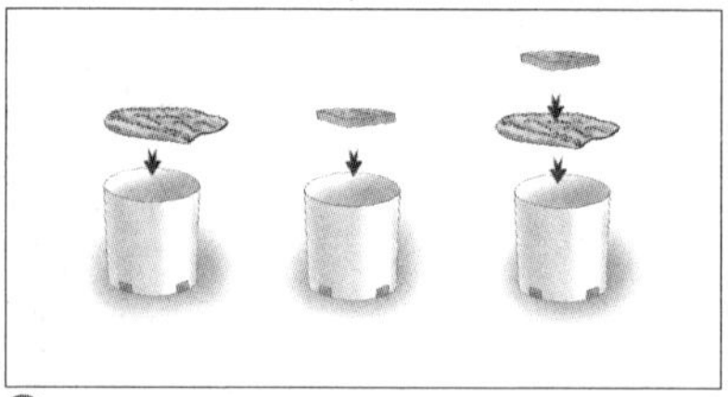

2 在其中三个纸筒的底部分别放进毛皮、黄油、毛皮和黄油。用笔标记清楚。

3 用塑料袋将冰块包好，分成四份，放进四个纸筒内。

4 将温度计分别放在四个纸筒底部，测量温度。

观察结果：观察温度计的示数有什么变化。

放有毛皮和黄油的纸筒温度最高，只有黄油和只有毛皮的纸筒温度低一些，二者都没有的纸筒温度最低。

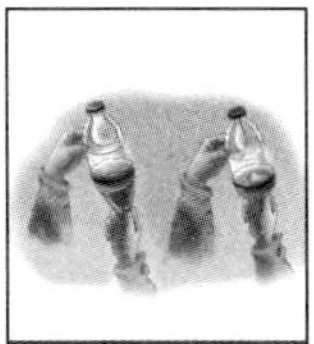

实验目的：了解人呼吸的过程。

40.

40. 人是怎样呼吸的

呼吸是人们维持生命的重要功能，它通过有节奏的运动，把空气吸进肺里，以供给血液所必须的氧气，同时把不需要的二氧化碳排出体外。下面这个实验，为大家演示了人体的呼吸过程，一起动手做做看吧。

★难度级别 0 1 2 3 4 5

准备好

❶空塑料瓶
❷气球
❸橡皮泥
❹剪刀
❺橡皮筋

原理揭示

人体进行呼吸运动时，体内所受的内外压力不同：吸气时，胸腔扩大；呼气时，胸腔收缩。实验中，向下拉动气球薄膜，空气进入瓶中，瓶内的气压增大，小气球就膨胀了起来；向上推气球薄膜，空气被排出，瓶中的气压减小，小气球就变瘪了。

原理应用

了解了人体呼吸的过程，当患者停止呼吸时，我们可以通过人工呼吸进行急救。根据呼吸原理，人们还制成了呼吸机，用以人工替代重症患者的通气功能。

动手做

1 取一只大气球，将气球剪成两截。将塑料瓶下端剪掉，将截下的气球下部的开口部分套在瓶子的下开口上，用橡皮筋绷住。

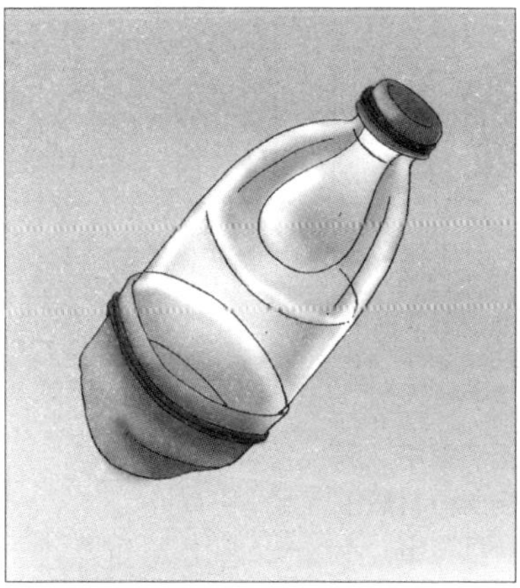

2 将小气球从上端瓶口放进塑料瓶，口部翻扣在瓶口，用橡皮筋绷住，再用橡皮泥密封瓶口。

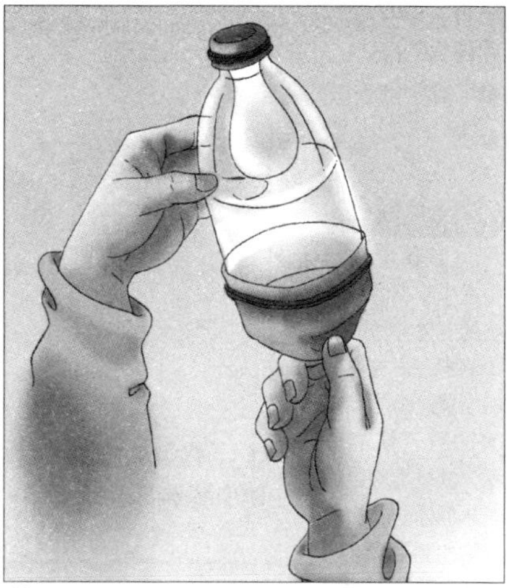

3 分别向上推动、向下拉动下端开口处的气球薄膜。

观察结果：瓶中的小气球发生了怎样的变化呢？

实验目的：了解测量肺活量的原理。

41.

41. 自测肺活量

我们在体检的时候，常常会进行肺活量的检测。肺活量可以反映出一个人呼吸机能和呼吸质量的好坏。其实，我们也可以制作一个简单的装置，测量自己的肺活量，随时了解自己的身体情况。

★难度级别 0 1 2 3 4 5

■ 准备好

❶有盖的空塑料瓶

❷较大的碗

❸可弯折的吸管

❹水

原理揭示

当我们向塑料瓶中吹气时，呼出的气体会排开瓶中的水，占据瓶中的位置。瓶中顶部增加的气体的体积，就是你呼出的气体的体积，也就是你的肺活量。每次测量肺活量时，呼出气体的体积都不可能完全相同，所以瓶中气体体积的大小也会有所差异。

知道更多

如果一个人肺活量小，呼吸能力差，在运动时就不能满足身体所需的氧气。提高肺活量，能改善人体呼吸系统的功能，获得更多的氧气，提高身体各个器官的工作效率，身体也会更加健康。经常参加体育锻炼，就可以达到提高肺活量的目的。

■ 动手做

1 将塑料瓶里灌满水，拧紧瓶盖。在碗中装半碗水。

2 将塑料瓶倒过来，放进碗中。然后，把手伸进水里，拧开瓶盖。

3 将吸管短的一边伸到塑料瓶中。深吸一口气，从吸管长的一端向塑料瓶中吹气。注意吹气过程中要一气呼出，不要吸气。

观察结果：观察塑料瓶，看看瓶中出现了什么现象。

塑料瓶中的水向碗中排出了一些，瓶子顶部多了一些空气，这些空气就是你能一次性呼出的气体。

实验目的：测试眼睛的暗适应和光适应能力。

42.

42. 眼睛对光的适应

当我们从黑暗的地方到明亮的地方，或是从明亮的地方进入黑暗的地方，都要经过一段时间，视线才能清楚。为什么眼睛对光线的适应要经过一段时间呢？就让我们通过下面的实验，了解一下眼睛对光的适应能力吧。

★难度级别 0 1 2 3 4 5

准备好

❶暗室
❷视力表
❸可调亮度的光源
❹能定时的钟表

原理揭示

眼睛的视细胞包括视杆细胞和视锥细胞。视杆细胞对弱光反应敏感，是暗视觉器官。视锥细胞专门感受强光和颜色，是明视觉器官。当环境从亮变暗时，视杆细胞要逐渐适应环境，也就是暗适应，速度比较慢，约20分钟才能完成；环境从暗变亮时，视锥细胞的适应是光适应，速度较快，约5分钟就能完成。

知道更多

一只眼睛的视网膜上大约有600万至800万个视锥细胞和12000万个视杆细胞。视锥细胞分布在眼球黄斑中央的凹处，在凹处中央的外缘，视锥细胞逐渐减少，视杆细胞逐渐增加。

动手做

1 让一个人站在暗室内，将光源的亮度调到最大，用视力表测量他的视力。

2 将光源的亮度调至最弱，分别过5分钟和10分钟后，再测定他的视力。

3 关掉光源。5分钟后再打开光源，将亮度调至最大。进行视力测量。

4 计算一下他的光适应和暗适应分别用了多长时间。

观察结果：记录实验结果，这个人的暗适应和光适应时间是多久呢？哪一个能在较短的时间内完成呢？

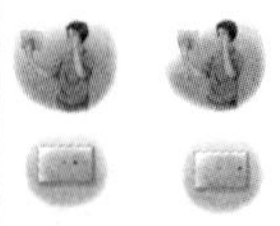

实验目的：测试人的视觉盲点。

43.

43. 盲点的测定

如果说人的视野区域中有一处很小的范围，在这个范围内，人看不到任何东西，你会相信吗？其实，我们的视觉器官真的有这样一个区域——黄斑区，被称为视觉生理盲点。让我们做个简单的试验，认识一下这个盲点吧。

★难度级别 0 1 2 3 4 5

准备好

❶厚的长方形白纸

❷铅笔

原理揭示

视野中的黄斑区是视网膜上的特殊区域，这个区域内的视乳头只负责将信息通过视觉纤维向视觉中枢传递，没有感光细胞，因此在视野上呈现为暗区。实验中，我们有时会看不到圆点或者正方形，这是因为在物体位置不断发生变化的过程中，某些物体的影像正好处于盲点区域，我们就看不到物体了。

知道更多

视野是单眼固定注视正前方时所能看到的空间范围，又称为周边视力，就是黄斑区以外的视力。视野检查是诊断青光眼等视觉、视神经疾病的基本方法，及时、准确的视野检查可为诊断和成功治疗眼部疾病提供帮助。

动手做

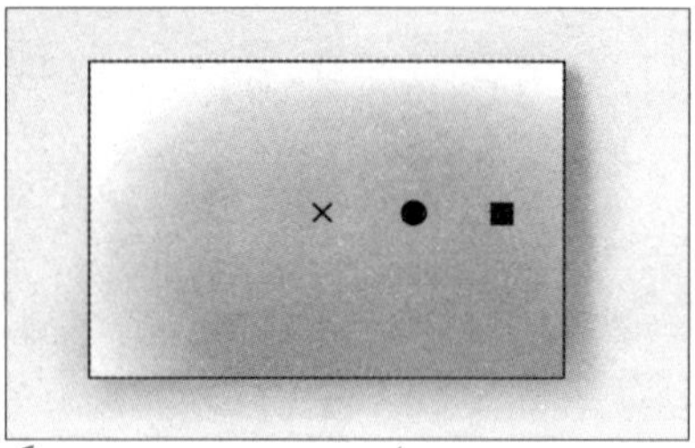

1 在白纸的中心画一个“X”字形；在“X”字形右5厘米处，画一个黑色的圆点；在圆点右5厘米处，再画一个正方形。

2 把纸放在眼前30厘米处。掩住左眼，用右眼盯着纸上的“X”形，将纸慢慢移近。

3 把纸放在眼前30厘米处。掩住右眼，用左眼盯着纸上的“X”形，将纸慢慢移近。

观察结果：掩住左眼或右眼时，看到了什么？

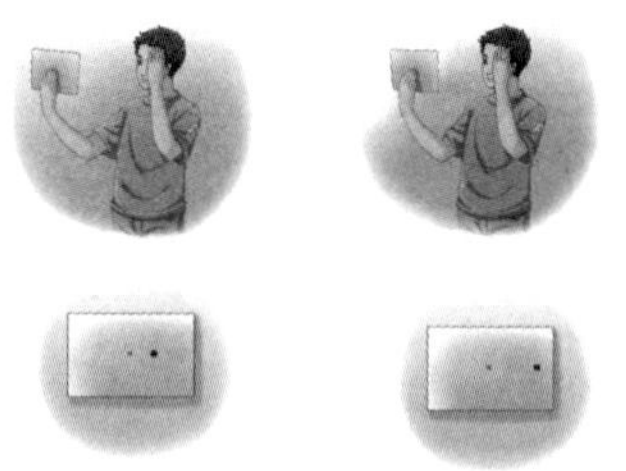

掩住左眼时，白纸上的正方形不见了，可以看见黑圆点和“X”形。再移近些，黑圆点不见了，但又可以看见正方形和“X”形。掩住右眼情况相反。

实验目的：了解人类的视觉暂留现象。

44.

44. 自己制作动画片

同学们，你们知道吗，动画片的画面是由一幅幅连续的静止图像组成的。我们之所以能够看到连续画面，是因为人的眼睛具有视觉暂留的特点。利用这个原理，你也可以动手，制作一部自己的动画片。

★难度级别 0 1 2 3 4 5

■ 准备好

❶铅笔和彩笔
❷几张大小相同的白纸
❸曲别针
❹厚纸板
❺胶水
❻剪刀
❼筷子
❽镜子

原理揭示

当一个物体发出的光对视网膜产生的刺激作用停止后，视网膜上形成的像并不会立刻消失，而是会停留0.1秒，这就是视觉暂留现象。当我们连续转动轮盘时，小鸟向下挥动翅膀的影像还没有消失，向上挥翅膀的影像又传递进视网膜，所以小鸟看起来像在飞一样。

原理应用

一格格电影胶片上的动作都是经过分解的静止画面，胶片放映的速度足够快时，我们看到的就是连续的电影画面。

■ 动手做

1 **在白纸上用铅笔画出小鸟飞翔的全过程图案。每张白纸上只画一个动作。然后用彩笔上色。**

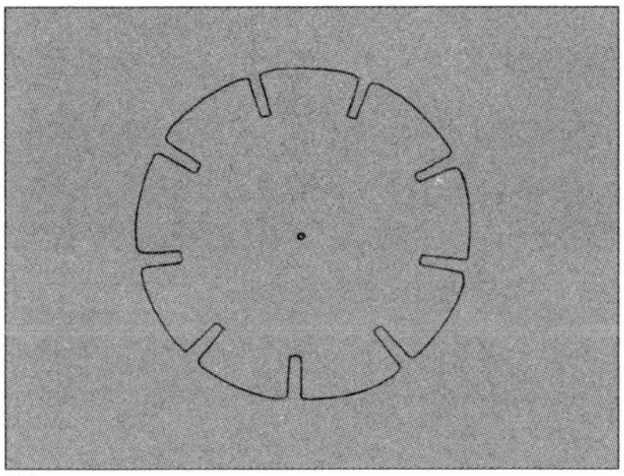

2 **如图所示，在硬纸板上绘制一张轮盘图，将轮盘剪下来。**

3 **将白纸上的小鸟剪下，以连续的飞翔动作顺序将小鸟贴在轮盘上。**

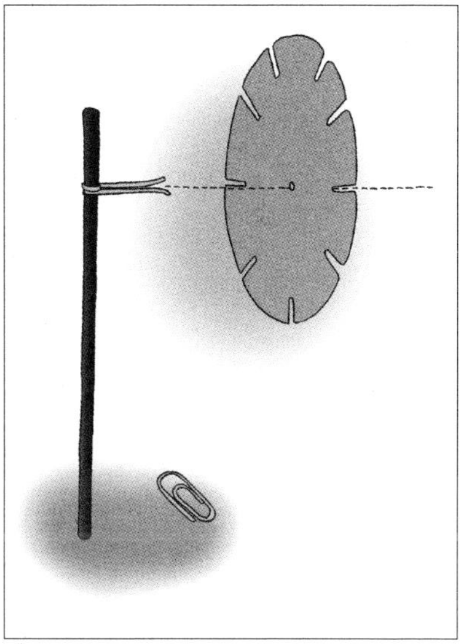

4 **曲别针一头绑在筷子上，将曲别针的另一头弄直插进轮盘中间的孔里，对着镜子转动轮盘。**

观察结果：转动轮盘，镜子里出现了什么现象。

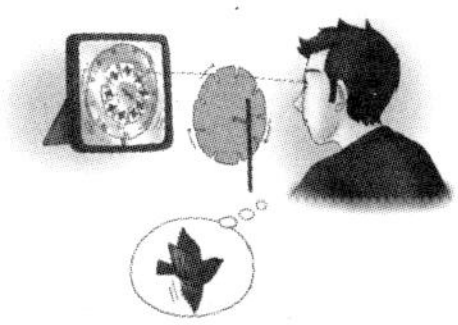

实验目的：测试舌头不同部位对味道的感觉。

45.

45. 舌头的感觉

我们身体中的各个器官都有其独特的功能，其中，舌头每天都为我们品尝酸、甜、苦、辣、咸等各种不同的味道。在下面的实验中，我们就来测试一下舌头品尝味道的能力。

★难度级别 0 1 2 3 4 5

准备好

❶苦瓜
❷盐
❸糖
❹柠檬
❺玻璃杯
❻筷子
❼榨汁机
❽标签纸
❾笔
❿清水

原理揭示

舌头上不同部位的味蕾可以辨别不同的味道。感受甜味的味蕾多分布在舌尖处；感受酸味的味蕾多分布在舌的两侧后半部分；感受苦味的味蕾集中在舌头根部；感受咸味的味蕾主要分布在舌尖和舌头两侧的前半部分。

知道更多

随着年龄增长，舌头上大约有2/3的味蕾会逐渐萎缩，造成人们味觉功能下降，所以上了年纪的人们一般对味道的感觉不太灵敏。

动手做

1 用榨汁机分别把苦瓜和柠檬的汁榨出来，放在两个玻璃杯中。

2 把糖和盐分别放在另外两个玻璃杯中，加适量的水，搅拌成溶液。然后在四个杯子上贴上写有溶液名字的标签。

3 把舌头按照舌尖、舌根、舌两侧前半部、舌两侧后半部划分成4个部分。用筷子蘸着玻璃杯中的4种溶液，分别点到这4个部位，尝试味道。在测试每一种溶液前，先用清水漱口。

观察结果：测试舌头不同部位对不同味道的感觉，记录实验结果。

实验目的：了解皮肤的表面结构和功能。

46.

46. 皮肤变皱了

人们长时间游泳或泡澡后，手指和脚趾的皮肤会变得又白又皱，而身体其他部分的皮肤变化不大，为什么手和脚的皮肤会和其他地方不同呢？下面让我们利用海绵做个实验，你就会明白这其中的道理了。

★难度级别 0 1 2 3 4 5

准备好

❶剪刀
❷长方形的海绵
❸水
❹碗
❺凡士林
❻滴管

原理揭示

我们的皮肤上分布着一层薄薄的皮脂，可以防止皮肤直接从外界吸水。因为手指和脚趾没有皮脂腺，无法挡住水分，所以遇水后容易膨胀、变皱。实验中，没有涂凡士林的海绵由于吸收了水而膨胀，表面产生了皱褶；涂了凡士林的海绵，油脂挡住了水分，所以比较平整。

知道更多

当皮脂腺活动异常旺盛时，皮肤会变得比平时油腻，而油脂容易堵塞毛孔，使皮肤变得粗糙。炎热的夏天是皮脂腺活动最旺盛的时候，一定要经常用温水清洁皮肤，不要让皮肤受损。

动手做

1 **把长方形海绵的半边剪掉一半的厚度，另一半保持原来的厚度，让它成为阶梯形。**

2 **把剪好的海绵放进盛水的碗中浸湿。然后取出海绵，挤干水分，并将海绵完全晾干。**

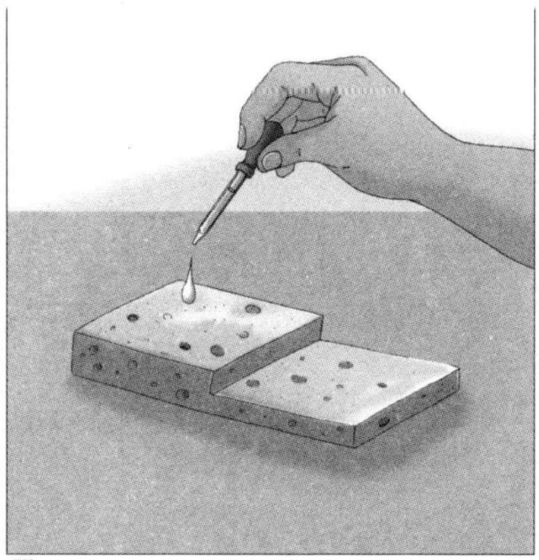

3 **把海绵较薄的部分表面，完全涂上凡士林。在没有涂过凡士林的海绵表面滴几滴水。**

观察结果：观察海绵上涂了和没有涂凡士林的部位有什么不同。

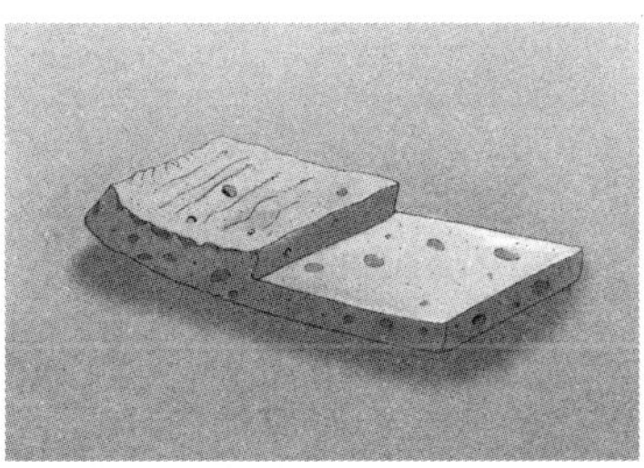

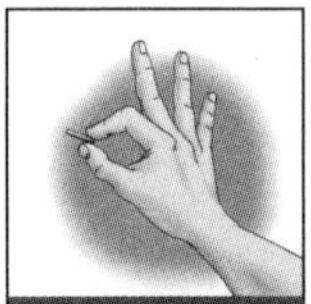

实验目的：测试手指的结构与功能。

47.

47. 手指的作用

我们的手指能灵活做出抓、捏、挠等各种动作，方便地拿起各种东西，还可以用笔写字、画画，这都是因为它们有着特殊的结构。如果人的手就像鸭子一样是蹼状的，我们会有什么感觉呢？下面就来体验一下吧！

★难度级别 0 1 2 3 4 5

准备好

❶胶带
❷硬币
❸牙签
❹玻璃球
❺铅笔
❻雪糕棍

原理揭示

大拇指的功能是和其他手指的末端相对，来捏住物体。所以，大拇指捆在手掌上时，会很容易拿起铅笔、牙签等，但很难拿起硬币。放开大拇指而捆住其他手指时，基本上可以捡起所有东西。而五个手指同雪糕棍绑在一起时，手指的关节都不能活动，几乎捡不起任何一件东西。

原理应用

仿照人的手指的结构，人们制造了许多工具，比如有着长手臂的挖土机，用“关节”连接着、可以灵活运动的大吊车，有着大“爪子”的起重机等等。

动手做

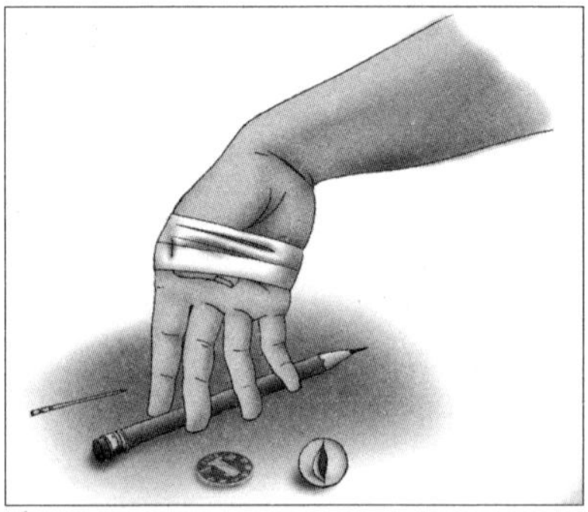

1 **用胶带把大拇指和手掌绑在一起，然后试着去捡起铅笔、硬币、牙签和玻璃球。**

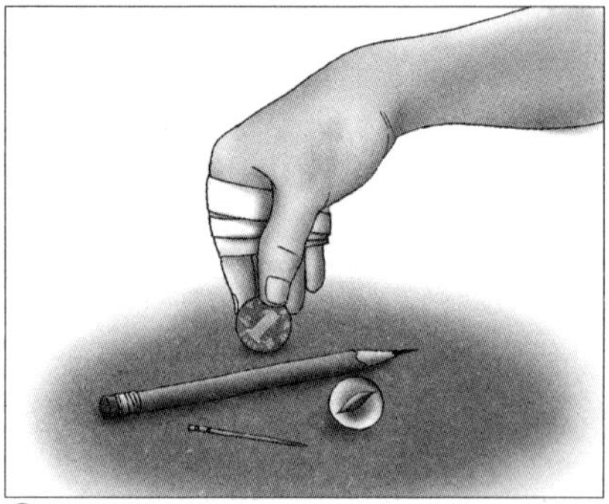

2 **用胶带把一只手除了大拇指以外的四个手指绑在一起，然后试着去捡起铅笔、硬币、牙签和玻璃球。**

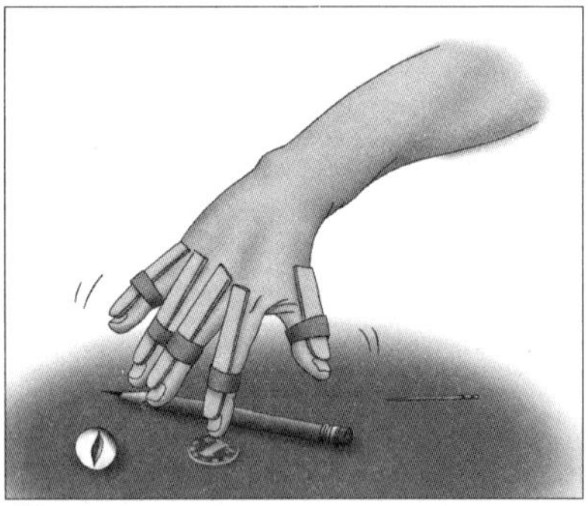

3 **让你的朋友在你一只手的每根手指背上放一个雪糕棍，并用胶带把手指和雪糕棍粘牢，然后试着捡起硬币、牙签和玻璃球。**

观察结果：你感觉到了什么，分别把它们记录下来，再想想原因。

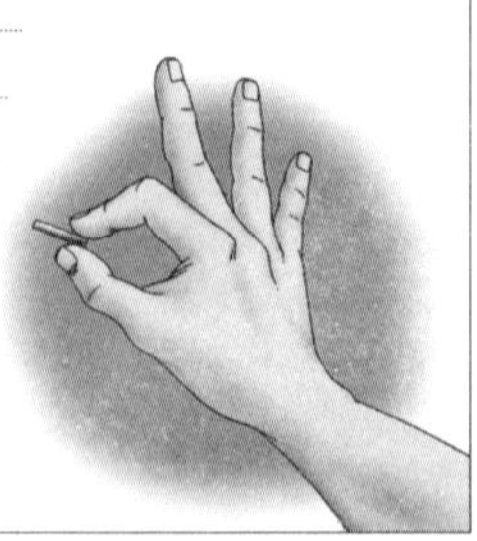

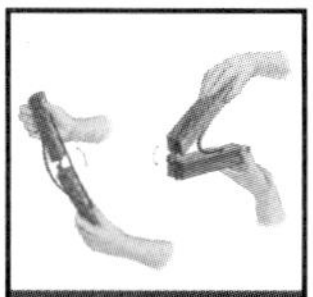

实验目的：认识肌肉的运动过程。

48.

48. 肌肉是怎么运动的

运动时刻都在我们身体的内部和外部进行着，比如心脏的跳动、血液的流动等等。我们平时的跑、跳、坐、卧等运动，都是在肌肉的牵引下完成的。通过下面这个实验，让我们了解一下它的运动过程吧。

★难度级别 0 1 2 3 4 5

准备好

❶扁形木棍
❷两脚钉
❸橡皮筋
❹剪刀
❺胶带

原理揭示

水平伸直手臂时，如果上臂肌肉的内侧收缩、外侧舒张，胳臂就能抬起来，而外侧收缩、内侧舒张时，胳臂就回到了水平的位置。实验中，固定在木棍上的橡皮筋就像伸缩的肌肉一样，当木棍向外侧掰开时，内侧的橡皮筋就会绷紧，反之外侧的橡皮筋就会绷紧。

知道更多

在激烈运动或持续劳动后，我们会感到四肢酸痛，这是因为肌肉中分解的乳酸过多，堆积了起来。只要休息一会儿，让堆积的乳酸经过氧化，重新合成糖原，酸痛的现象也就消失了。

动手做

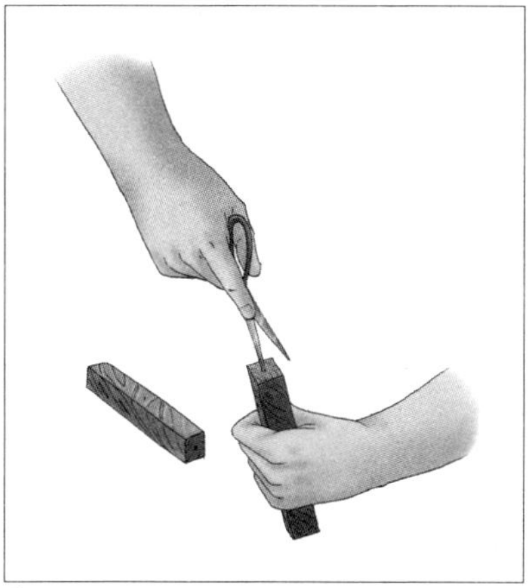

1 用剪刀在两个木棍的一头分别扎个洞。

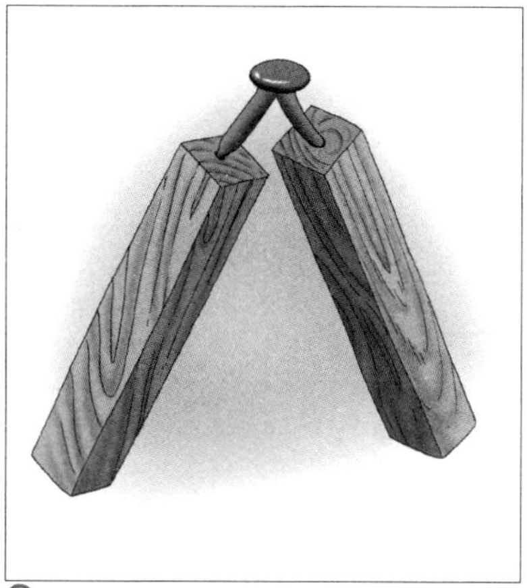

2 将两脚钉的两脚分开，将两脚从两个洞里穿过，使木棍固定。

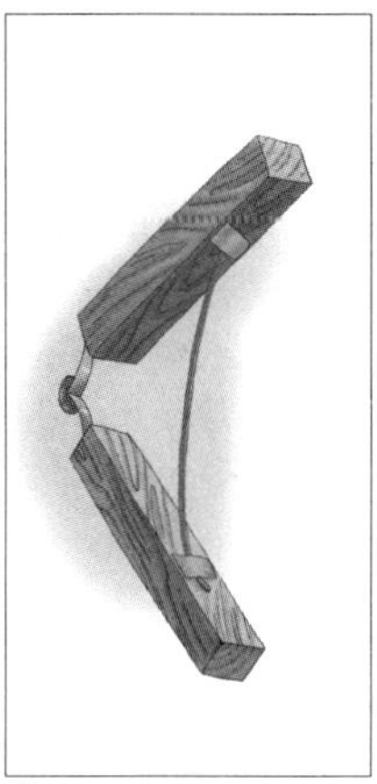

3 将橡皮筋剪开，保持原有长度。将橡皮筋两头分别粘在两个木棍的内侧。

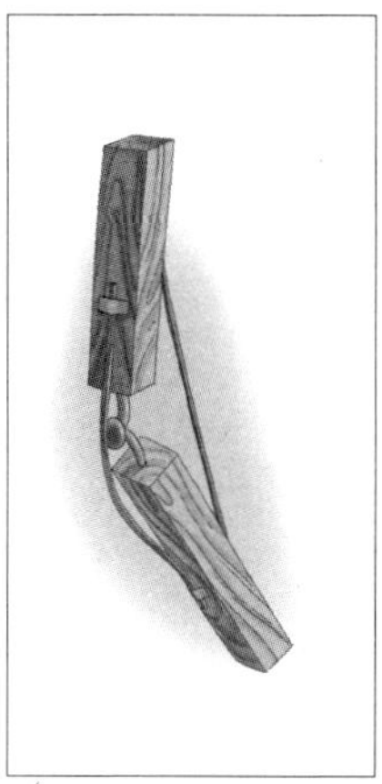

4 重复第三步实验过程，将另一个橡皮筋粘在两个木棍的外侧。

观察结果：向内侧、外侧掰动木棍，观察橡皮筋的变化。记录实验结果。

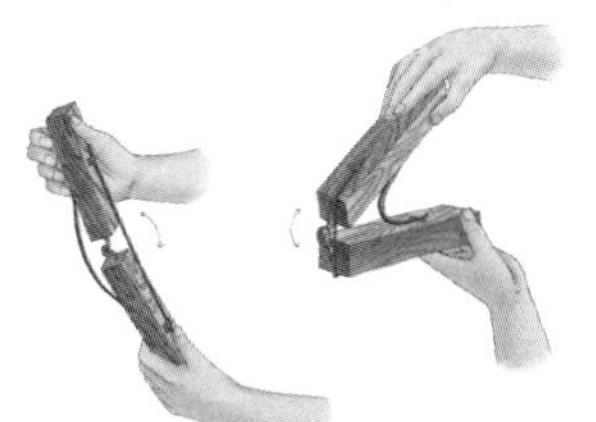

向外侧掰动木棍，内侧橡皮筋绷紧；向内侧掰动木棍时，外测橡皮筋绷紧。

实验目的：测试人的反应速度。

49.

49. 测试反应速度

在田径比赛时，起跑枪响过以后，有的运动员已经像箭一样飞跑出去，有的运动员才刚刚离开起跑线，这种差异是由各个人不同的反应速度决定的。你可以通过下面的实验，来测量一下自己的反应速度。

★难度级别 0 1 2 3 4 5

■ 准备好

❶30厘米长的尺子
❷彩笔
❸铅笔
❹硬白纸
❺剪刀
❻胶水

原理揭示

眼睛看到尺子下落后，感官信号会传达到大脑。当大脑中枢做出“抓住尺子”的指令，并传达到手部肌肉时，我们才会去伸手抓住尺子。这个过程需要时间的长短，就是我们的反应速度。能够抓住紫色部分，说明反应速度比较慢，抓住了绿色部分，说明反应速度中等，抓住了红色部分，说明反应速度很快。

知道更多

对于运动员来说，反应速度非常重要，输赢成败往往决定于发球或是起跑瞬间那一秒钟的反应和判断。优秀的运动员反应速度都很快。

■ 动手做

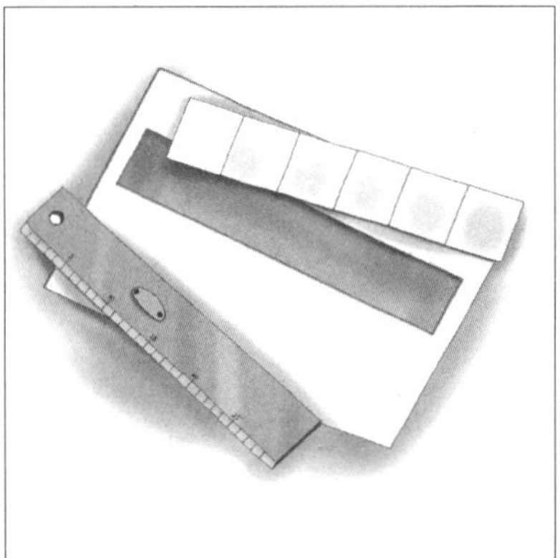

1 **在硬白纸上画出尺子的轮廓，剪下来，然后每隔五厘米分成一份，共分成6份。**

2 **将白纸上的6个部分依次用彩笔涂成紫色、蓝色、绿色、黄色、橙色和红色，然后在紫色部分写上“慢速反应”，在绿色部分写上“中速反应”，在红色部分写上“快速反应”。最后，把纸粘在尺子上。**

3 **让朋友用一只手拿住尺子，使尺子的红色边缘处于你的大拇指和食指之间。然后，在你没有准备的情况下，你的朋友突然放开尺子，你试着用最快的速度抓住尺子。**

观察结果：你能抓住尺子的哪个部分？多练习几次，看看你的反应速度会不会提高。